转念的奇迹

项兰雯 —— 著

国文出版社
·北京·

图书在版编目（CIP）数据

转念的奇迹 / 项兰雯著 . -- 北京：国文出版社有限责任公司，2024.6
ISBN 978-7-5125-1625-0

Ⅰ.①转… Ⅱ.①项… Ⅲ.①思维方法—通俗读物 Ⅳ.① B804-49

中国国家版本馆 CIP 数据核字（2024）第 097548 号

转念的奇迹

著　　者	项兰雯
责任编辑	张　茜
责任校对	李艳玲
特约编辑	高志红
策划编辑	任红波
装帧设计	济南新艺书文化
出版发行	国文出版社
经　　销	全国新华书店
印　　刷	涿州市京南印刷厂
开　　本	880 毫米 ×1230 毫米　　32 开
8.75 印张　　　　　　　175 千字
版　　次	2024 年 6 月第 1 版
2024 年 6 月第 1 次印刷
书　　号	ISBN 978-7-5125-1625-0
定　　价	68.00 元

国文出版社
北京市朝阳区东土城路乙 9 号　　邮编：100013
总编室：（010）64270995　　传真：（010）64270995
销售热线：（010）64271187
传真：（010）64271187-800
E-mail：icpc@95777.sina.net

转念的奇迹

目 录

推荐序一　一念之转的奇迹　01
推荐序二　在转念中成为更好的自己　07
推荐序三　学会转念，便掌握了幸福的密码　09
自序　转变信念，改写人生　11
前言　改变生命中所有你不想要的现在，都需要一次转念　25

第一篇　当你清楚自己想要什么时，全世界都会为你让路

01 梦想，原来触手可及　002

转念故事：我还能追逐自己的梦想吗　002

转念奇迹：把握梦想的5个本质，点亮你的每一天　006

转念时刻：5个好问题让愿景触手可及　013

转念肯定句　015

02 你终日汲汲所求的，或许并不是你真正想要的 016

转念故事：我想开始弹吉他，却总也做不到 016

转念奇迹：知道真正想要的是什么，此刻你就能拥有它 018

转念时刻：3个方法带你与自己的价值观相遇 026

转念肯定句 030

03 世间最大的幸福，莫过于做自己热爱的事 031

转念故事：可以通过做自己热爱的事过上理想生活吗 031

转念奇迹：爱做的事、被莫名吸引的领域透露人生志业 034

转念时刻：12个问题，发现你的天赋热爱 036

转念肯定句 042

04 穿越生命至暗时刻，洞见生命的意义 043

转念故事：为什么受伤的总是我 043

转念奇迹：生命中的沟沟坎坎，只为把你带回正轨 047

转念时刻：4步洞见痛苦背后的礼物 051

转念肯定句 054

05 再小的个体都有影响力 055

转念故事：那么多人都已经做了，我算什么呢 055

转念奇迹：每个人对这个世界都有独特的贡献　056

转念时刻：5步定义你的影响圈　059

转念肯定句　061

第二篇　你如何看待世界，世界就如何回馈你

06　唤醒好奇心，让鲜活的生命扑面而来　064

转念故事：我厌倦了日复一日的平淡生活　064

转念奇迹：生命从来没有平凡的时刻　065

转念时刻：唤醒好奇心的3个方法　068

转念肯定句　072

07　再糟糕的经历，都会有它正面的意义　073

转念故事：不想让孩子受到伤害，我宁可不离婚　073

转念奇迹：每件事的发生都将帮你成为更完整的自己　078

转念时刻：化负面为正面的4个步骤　080

转念肯定句　083

08 脱离头脑的喋喋不休,便能获得心的自由 084

转念故事:人无远虑,必有近忧 084

转念奇迹:不被念头绑架,看见即自由 086

转念时刻:3个小练习,回归内在的安宁 089

> 转念肯定句 095

09 世间再多纷扰,守住初心方能抵达理想彼岸 096

转念故事:对于生命中突如其来的变化,如何处变不惊地去应对 096

转念奇迹:守住初心,方得始终 100

转念时刻:3类问题养成成果思维 103

> 转念肯定句 103

10 成为"自燃者",创造理想的工作 105

转念故事:热爱工作的人是什么样的 105

转念奇迹:工作中蕴藏无限机会让我们发挥潜能 107

转念时刻:人生的结果=能力×热情×思维方式 110

> 转念肯定句 112

第三篇 生命就是关系

11 快乐的人，不会制造不快乐　114

转念故事：哪有时间和精力关注自己呢　114

转念奇迹：当你学会爱自己，全世界都会来爱你　117

转念时刻：爱自己的4个维度　119

转念肯定句　126

12 不要害怕别人不高兴，你需要拿回自己的力量　127

转念故事：如果我辞职，领导会说我忘恩负义　127

转念奇迹：人生最大的幸福莫过于按自己的意愿过一生　132

转念时刻：123，拿回属于自己的力量　137

转念肯定句　139

13 幸福关系的真谛是用不同的视角去看待一段关系　140

转念故事：我飞速成长，另一半却原地不动，怎么办　140

转念奇迹：境由心转，幸福从未走远　145

转念时刻：4个视角换位思考，世界从此大有不同　147

转念肯定句　152

14 生活有无力感,是因为我们总想改变别人　153

　　转念故事:老公怎么就这么难改变　153

　　转念奇迹:没有人可以被改变,除非他自己想改变　154

　　转念时刻:4个要素让改变发生　157

　　<u>转念肯定句</u>　163

15 你的地图,不是孩子的疆域　164

　　转念故事:妈妈,我和你想的不一样　164

　　转念奇迹:每个行为背后都有正面的动机　166

　　转念时刻:改善关系建立连接的3F聆听　171

　　<u>转念肯定句</u>　174

第四篇　大大的梦想,小小的行动,一步一步朝前走

16 撬动改变的支点,创造生命的丰盛　176

　　转念故事:忙于打拼事业,和孩子的关系没救了　176

　　转念奇迹:找到撬动点,生命从此发生改变　179

　　转念时刻:让平衡丰盛的生命之轮转动起来　180

　　<u>转念肯定句</u>　187

17 为自己做出明智且心安的选择 188

转念故事：在人生十字路口左右为难，该如何选择 188
转念奇迹：选择什么不重要，为什么而选择才最重要 190
转念时刻：助你做出明智又安心选择的思维框架 192
> 转念肯定句 199

18 别害怕停下来，去重建你的生命 200

转念故事：勤勤恳恳20年，我居然被辞退了 200
转念奇迹：生命中的失去就是重整命运的机会 202
转念时刻：透过时间线重建生命 203
> 转念肯定句 208

19 遵循内在指引，做出生命决定 209

转念故事：到底要不要生二胎 209
转念奇迹：每个人的内在都有足够资源解决自己的问题 212
转念时刻：唤醒你的内在导师 215
> 转念肯定句 216

20 小步行动引发持久改变 217

转念故事：那些拖延不动的人 217

转念奇迹：每个拖延行为背后都藏着恐惧　220

转念时刻：福格行为模型——让梦想落地的行动三要素　223

> 转念肯定句　230

结语　转念是必须的，也是可能的　231

致谢　235

推荐序一　一念之转的奇迹

"我想变得不一样！"

那你需要不一样地去想。

这就是这本书要讲的东西。对，就是这么简单。

01

比如理财。我是个拙于理财、谈钱的人，但要经营企业，要支持家庭，我必须试着做，不过收效甚微，一直到我开始梳理自己对于金钱的念头。

我父母都是工程师，虽然没有挨过饿，却也经历过物质稀缺的生活。小时候想吃苹果，买不起，会去买按箩筐卖的烂苹果，拉回来一家人围坐，挖出烂的部分，切成能吃的小块放到碗里，那记忆温暖又有些辛酸。小学来到深圳上学，5年转了5所小学，交了很多朋友，短暂的学年却也让我珍视朋友，珍视友情。初中毕业旅行，爸爸给我一把不锈钢的多功能小刀，被我不小心落在旅馆。那刀他出差带在身边好多年，现在想

转念的奇迹

起,我还常常挂念。

我就是在这样物资稀缺又感情亲密的环境里长大的。我爱惜旧物,一件衣服补了好多次才丢;鞋子实在穿不下了,会补好了、洗好了放到楼下垃圾桶附近,还要塞张卡片告知看到的人,此鞋还能穿。我对自己节俭,但对于朋友非常大方。我的消费比例,也和这相似。

但说也奇怪,当你真的能够看到自己的念头,这些执念就开始消失。你会惊喜地发现,这些字不是用墨水,而是用白板笔写的,只要你愿意,就可以抹去。你开始兴致勃勃地在新的纸张上画自己想要的东西。我和钱的关系变得很好。理财,首先不是去看股票、账户或专业书籍,而是先"梳理"自己和"财"的信念。

扯远了,我想说的是,随着成长,我逐渐意识到:**横亘在你和所有领域成功之间的,不只是专业,更是心理(不是心理专业啊,而是关于你自己的心理学)。**

比如,你怎么看待事物的,你希望获得什么,你有什么纠结,你有什么渴望……

这些执念、怨念、信念、善念、爱念、贪念、痴念……让你左右互搏,让你寸步难行。

就像我妈宁愿相信摆拍的短视频里扮演中医的演员说的,也不信我这个儿子的体检报告一样。她爱着我,却又担忧我的身体，围绕这个善念和恐惧的剧本，她为自己编排出一个我的故事，每天操心，很难分辨自己哪些想法是对的，哪些是错的。

其实我们每个人，何尝不是这样呢？

我们都在这样的故事里活着，习焉不察。

除非你能看到这些念头，并且转念。

因为如果你想变得不一样，就需要先不一样地去想。

02

转念是什么呢？

转念是去掉杂念，聚焦核心。

就拿写书来说。兰雯在很早就找我聊过关于写书的事。我问她，你希望这本书用来干什么？是积累过去的知识、传达给圈外人，还是展现你的专业，或大卖？她不理解地问我，难道畅销书不就是自己的总结，让专业人士佩服，让普通人喜欢吗？

我说当然不是，如果你为了积累，自己喜欢最重要；如果为了让专业人士佩服，高深先进玄奥最重要；如果要破圈，简单平实最重要；至于大卖不大卖，封面和营销很重要。

今天看到这本《转念的奇迹》，我想兰雯排除了专业秀肌肉的杂念，丢掉了记录过去的杂念，聚焦在踏踏实实地讲故事、给工具上。至于能不能大卖，那就交给市场吧。但我相信，越是这样的文字，越能走得很远。

转念的奇迹

转念是换角度看问题。

那天一个朋友问我,为什么坏人这么坏,却好像没有受到什么惩罚,好人这么好,也没有什么奖励呢?老天太不公平了。她都开始想做个坏人了。

我说,能做一个好人,有件踏踏实实的事做,对未来有信心,对世界有勇气,对别人有感恩,然后就这么温厚地一点点积累,偶尔碰见世界的机缘和奇迹,这难道不是最好的回报吗?

至于坏人,以我的观察,他们现在过着心神不宁、一会儿狂喜一会儿躁郁的日子,就已是很大的惩罚了。他们还要终日惶惶地等另一只惩罚的鞋子落地,这难道不是最大的惩罚吗?

当个聪明的好人,本身就是种很好的奖励。

你想做个好人吗?

转念有时候,也是更深、更远、更不同地看问题。

公司有段时间很担心女员工生娃,因为本来公司规模就不大,部门人少,一旦有人生娃,其他人就要承担更多工作。但我和大家说,公司不仅仅是赚钱部门,还是社会公器。作为社会公器,鼓励支持女性生娃,是件正确的事——我们都知道一个生育率低的社会会怎样,但问题到了我们面前,我们是不是有勇气承担这个责任?大家开始认同这件事。我们还增加了给全体员工父母的大病保险,给所有员工的心理援助。大家都认同,哪怕仅仅是相聚一段时间做点事,也要让每个人做好员工，也要让他们做好儿女和自己，这是更长远的事。要把人当人，不是工具人。

所以，我也提醒各位，多帮帮年轻人。不为别的，只有年轻人热爱工作，喜欢这个世界，他们才会继续创造价值。换个角度看，世界就是如此深深相连。极致的善良和极致的聪明，都是一回事。

03

当然，我不是说，转了念就会成功。如果有人告诉你只要像富人一样花钱就能很有钱，他大概率是想等着跟你收费。因为新的念头产生到形成影响，还需要资源、时机、计划、行动和一点点运气。但至少，转念的你有了一条你愿意走、能走通的新出路——这比在十字路口纠结徘徊好多了！

何况，我们没有必要担心未知的事，因为我们已经知道如何面对这些未知：

成为自己的心理专家，理解自己的种种念头；更聚焦、更灵活、更长远地看待问题；不断地把思维的锚甩向更积极、更有能量、更能行动的地方；然后，抓紧这命运绳索，把自己拉进未来。

这就是转念的奇迹。

兰雯是我很多年的朋友，这么多年，我看着她从销售岗走

转念的奇迹

出去,接触教练①这一行业,开始培训,持续教研,开始创业,并不断变成生活中闪闪发光的人。得经过多少次的转念,才能让一个人从纷繁复杂的念头里走到今天。

最难得的是,在千千万万次转念之后,她还保持着真诚、热切的自我。她会在和我备课的时候,眼睛发光地用便利贴写下所有的好点子;会在每个出差的地方,找到最好吃的东西;会在每个课堂瞬间,丢出坚定的、不功利的回应。

这让我相信,转念只会让自我更舒展,让自我更灵活,而不会丢失自我。

古典

新精英生涯创始人

畅销书作者

生涯规划师和教练

---

① 教练,就是教练者通过和被教练者(学员)进行发人深省和富有想象力(创造性)的对话,让被教练者发现问题,发现疏漏,发现答案。这种对话是一种扩展性的对话,可以让被教练者看到更多机会、更多选择,从而转变自己的信念;这种对话也是一种动力对话,可以激发被教练者朝向预期的目标努力,不断挑战自己,做出积极改变。

推荐序二

在转念中成为更好的自己

大概10年前,我还是一个拿着百万年薪的外企高管,但是那时候我隐隐约约觉得那不是我想要的生活,我真正想要的是什么呢?而且,我已经40岁了,我真的可以通过做自己热爱的事情过上理想的生活吗?

我陷入了传说中的中年危机,好在那时候我遇到了一位教练。他问了我一个问题:如果你现在80岁,坐在摇椅上跟自己的孙子说"奶奶这辈子最骄傲的是……",这个问题产生了转念的奇迹,让我找到了答案。

过去10年,我完成了职业转型、创业,找到了自己和公司的赛道,并深耕于此。这个过程并不是一帆风顺的,但是正如兰雯教练在书中所说:生命中所有的沟沟坎坎,都只为把你带回正轨。

在这10年中,教练作为一个助人的职业,越来越广泛地被人们了解和接受。不同于看书、上课,教练对一个人最大的支持在于挖掘潜力,减少干扰。当一个人能够为你营造出安全的

转念的奇迹

场域,让你放心倾诉的时候;当一个人能够认真聆听你没有说出来的情绪与需求的时候;当一个人能够提出强有力的问题,引发你深度思考的时候;当一个人可以给你勇气,陪伴你去探索未知的时候,你会有什么感受?当你可以面对更真实的自己时,又会为你带来什么样的积极影响?

正因为我受益于此,我也希望教练这一行业能够被更多的人了解,支持更多人的成长,让更多平凡的人做出不平凡的改变,成为自己故事里的英雄。

归根到底,所有关于自己的问题,能给出答案的只有一个人,那就是你自己!"教练"不过是那个在过程中帮你找到答案的人。

我相信转念是必须的,也是可能的,祝各位读者在转念中成为更好的自己。

高琳

高管教练

有意思教练创始人 & CEO

推荐序三

学会转念，便掌握了幸福的密码

一个人会转念就相当于掌握了幸福的密码。念头从觉察到转换其实是一个非常精微的内在工程，我也一直困扰于没有一本能系统指导如何转念的书籍。当兰雯老师把她的书稿发给我的时候，我几乎是一口气看完的，合上书稿的那一刻，我不禁感叹：终于有一本适用于我们中国人的生活背景和语境的转念工具书了，而且这本书出自我的好友兰雯之手，着实令人欣慰。

我们每个人都有自己的困扰和烦恼，这是一本教你如何与你的烦恼相处的工具书。如果你正挣扎在一段纠结痛苦的关系中，如果你正在为自己的未来举棋不定，如果你为孩子不写作业不主动学习而烦心劳神，你都可以静下来找到一个安静的空间，捧起兰雯的这本《转念的奇迹》。建议你在目录中找到自己的困扰类别，读一会儿跟随书里的练习思考一会儿，不需要太多时间，你会发现，你注意力的方向转了，你的情绪转了，态度和思维方式转了，随之而来的，就是你生活中的那个困扰

转念的奇迹

不知道什么时候变得微不足道了,这就是兰雯的这本书带给你的最好礼物。

这是一本可以让你边读边实践的工具书,正如兰雯自己的人生旅程一样,她的成长就是一路转念的见证和奇迹。她在这本书里坦诚地谈到了她的职业转型、离婚经历、育儿体验及她对精神世界的追求。在她娓娓道来的生命故事里,在她辅导过的学员的真实案例里,你都可以找到你自己。在这本书的陪伴下,你可以成为自己的教练和导师,为自己赋能将成为可能。

兰雯用她的生命的奇迹和爱意奉献了她的第一本书,我相信每位读者都能像我一样从书中获得无尽的智慧和启迪。打开这本书的你,一定也能找到属于你的奇迹,因为生命本身就是奇迹。

张玮桐

非暴力沟通践行者与传播者

鹿耳倾听 NVC 成长中心创始人

心智模式改善专家

碧山村乡村自然疗愈发起人

自序　转变信念，改写人生

一、为什么会有这本书

你对自己当下的生命状态满意吗？

你是否困惑于很多目标无法实现？

你是否想要拥有让自己更加满意的未来？

想改变的人很多，但是改变似乎没那么容易。

你是那个很爱学习的人吗？在知识极易获取的今天，你是不是和我一样报名参加了很多的课程进行学习？听书、读书会、训练营、线下课，甚至购买一些老师的一对一私教服务……

那么，你为什么要学习？

很多人说"学习让我快乐"，没问题。在学习的过程中，我们的思维得到了拓展，从人类天然的内在动力中获得成长。能够吸纳新鲜事物，就会让我们感到快乐。

学习能够让我们意识到自己的问题，对自己有新的发现与

转念的奇迹

觉察，一个人如果一直重复相同的做法，将得不到新的结果。我们之所以日复一日没有变化，很多时候就是因为我们不知道自己的问题出在哪里，我们意识不到究竟是什么在影响着自己。持续多年的惯性思维，若不能被看见，就会反复影响我们每天的行为。

改变又是很容易的，因为它可以发生在转念之间。

我们每个人在过往的人生中都经历过大大小小的转念时刻。**转念就是转变你对自己所在世界及所经历人、事、物的看法和观点。**

很多智者都将人的一生中每7年视为一个阶段，不知不觉中，我已度过人生的6个7年，如今开启了第7个7年。

高考失利，就真的完蛋了吗

18岁那年，我高考失利。我所在的城市是先出成绩再填报志愿，然而不理想的成绩，加上任性冲动的态度，让我跟理想中的学校失之交臂。还记得，那短暂的一个星期，我一下子瘦了10斤。我最后无奈地选择了一个虽然自己毫无兴趣，甚至听都没听过，但至少在那时听起来还算是不错的专业——中药资源。

就这样我进入了一所中医药大学，开始了大学生活。

我的大学在哈尔滨，那时从大西北到大东北没有直达的火车，于是妈妈和我提前几天出发，去北京中转，也顺便看看姐姐。彼时姐姐在北京一所重点大学读大三。她的学校，有偌大的校园、不同的阶梯教室、来自各地的同学、丰富的选修课程……和我在电视上看到的大学一模一样！我真的好兴奋。看到美好校园的时刻，我内心对自己的负面评价、对求学的失落感缓和了很多，我开始向往过几天就会见到的自己的大学校园。

然而没想到，我到自己的学校报到时，所见的一切与姐姐的校园反差巨大。我的大学校园居然没有我的中学校园大，每天上课都固定在一间很小的教室里……学校的一切与我对大学的向往完全不同，我的心情跌到了谷底……我开始对自己产生了很多责备和不满，我常在内心对自己说："还能怪谁？不都是你自己高三不够努力嘛！还有，你填报志愿也太过任性了吧！"

带着这样低迷的状态，我度过了大学的前三个学期。

大二下学期，在一次学校礼堂的大型文艺演出中，我看到台上学长、学姐们的表演，看到他们投入的状态、喜悦的脸颊，我的心被触动了，我好喜欢他们的样子啊。就在那一刻，我的内在有了一些兴奋，我似乎看到了光。

"我可以把大学生活过成我想要的样子！"一个声音在我的内在响起！

就是那个声音，让我醒了过来。那一刻，我一下子有了动力，我意识到，过去的已经过去了！**哪怕境遇再糟糕、再不堪，它们都已经过去了。未来尚未到来，我还有很多可能性。**

从那以后，我的状态完全不同了。我积极参与学校的社团，充分投入兴趣爱好里，报名歌唱比赛，定期练习民族舞，每年冬季，学校的演出活动中都有我的身影。我每学期都获得奖学金，还在课余为几个孩子做家教。

大学毕业时，因为担心不好找工作，我准备在药事管理专业继续学习，最终以不错的成绩考取研究生，继续在医药领域深耕，3年后成了一名医学硕士。

放弃7年的专业，是不是太可惜了

研究生毕业后，我选择回到家乡进入一家藏药集团做新药研究工作。偌大的实验室，常常只有我自己。每天我的工作便是和各种化学试剂、药材粉末打交道，提取、蒸馏、混合、鉴定……滴管、烧瓶、烧杯、蒸馏器……做新药研发于我们专业而言，真的是一份不错的工作，然而我做得一点都不开心。我感到孤独，感觉无趣，开始后悔我的选择。

我该怎么办？

如果说大学是高考失利后无奈的选择，那么研究生呢？不是我为了能在专业内更好地发展，自己决定继续学习的吗？可

自序 转变信念，改写人生

是此刻，我深深地感受到内在的不喜欢，如果这是我会持续下去的工作，对我来说真的太可怕了！我渴望与人交流，那么，我要放弃吗？我想起很多同学，他们都在药厂工作，那么，我还能去哪里呢？

一天清晨，我一如既往地进入实验室，用右手拿起盛有药物和试剂的蒸馏瓶轻轻摇晃着放在眼前进行观察时，突然听到一个声音："**这不是我要的生活，我不能继续下去了。我要追寻我真正热爱的事情。**"这个声音出现的时候，说实话，我被它吓到了。因为彼时，我并不知道，如果我放弃了这份看起来安定、又与自己专业相匹配的工作，我还能做什么，我还能去哪里。

尽管如此，因为那声音来得如此强烈、如此清晰，我还是坚定地遵循了内在的声音，3个月后，我毅然决然地辞职了。

大学同学、研究生同学知道后，无一不惊讶于我的决定。我用了7年时间学习中药，就这样放弃了，难道不可惜吗？然而在那个当下，我坚定无畏，听从了自己内在的声音，踏上一趟不知道会发生什么、不知路在何方的未知旅程。

每当回想这一段经历，我都会思考，是什么让我在当年如此勇敢坚定地选择放弃所学专业？答案很清晰，**是对眼前生活的不满意，是对未来生活的向往和渴望**。而这背后，是我内在坚定的声音：**只要有可能，就要去追寻真正想要的生活。生命中最大的遗憾不是放下过去，而是从不曾为理想的生活去拼**

转念的奇迹

搏。与此同时，我听到诸多外在的声音，它们来自家人、朋友、同学，他们对我很熟悉，他们会经常对我说："读了7年的专业就这么放弃了，太可惜了。""这样做是不是太冲动了？""你怎么知道你转行了就能过得更好呢？""还没有找到下一家就放弃眼前的工作，是不是太冒险了？"……

每个人内在信奉的声音，自然会影响我们的行为。在聆听自己内在的声音与外界的声音之间，我选择了前者。而这对我来说就是**生命中的一次巨大的转念，它为我创造了踏上理想生命旅程的机会**。

那年，我25岁。如今回想25岁的自己，我特别为她感到骄傲和满意。

她，是清醒的，没有因为过去的经验绑架自己，而是选择了追随内心；

她，是勇敢的，没有因为还不知道路在何方就停下来，而是大胆尝试；

她，是积极的，没有因为过去的失败放弃自己，而是永远对未来充满希望。

有趣的是，一旦你下定决心，很多事便会得到妥善的安排。就在辞职前的几天，我接到了一家保险机构的电话，对方邀请我去面试。带着很多的未知，带着内在对未来的向往，我离开家乡西宁奔往从小便很向往的城市青岛，开始了自己全新的职业冒险之旅。

走在路上，才有资格"问命"

来到青岛，安顿好后，我便联系通知我面试的保险公司，约好时间，我乘上公交车，坐在靠窗的位置，看着沿海美丽的香港中路，哼着小曲儿，非常愉悦地到达面试地点。和部门经理面谈两个小时，我被他的描述打动，我感觉自己有很多机会和可能性。于是，面试结束吃了午餐，我便直接插班进入新人培训班，在这里工作了两年，从事保险销售工作。

我从一线保险代理人做起，每天做着最平凡又重复的销售基础工作。我的工作是每天打 50 通电话，固定去步行街给陌生人发问卷、搜集电话号码，接着再通过拨打电话争取与对方进行深入沟通的机会。很多时候，我也会前往居民区，每个单元从 8 楼到 1 楼挨家挨户敲门……电话被挂断、吃闭门羹，对于那时的我如家常便饭，再平常不过了。也不知道当时自己哪来的勇气和韧劲，就这样日复一日地积累和尝试。犹记得妈妈帮我做得最多的事，就是大约每 3 天便拿着我的高跟鞋去修鞋店更换被我日日奔波磨坏的鞋跟。

或许是勤奋感动了上天，不到半个月，我居然误打误撞在电话沟通中与我保险销售生涯的第一个贵人相遇，拿下了第一个保险大单，这让我有机会参与公司的内部竞选，层层过关后成为公司的兼职培训师,开始为公司内部员工进行产品知识、电话销售技巧、商务礼仪等方面的培训。从此,我踏入了自己无比热爱的培训分享工作。通过一次次培训,我越来越清楚地知道自己喜欢什么,热爱什么。

与10万+学员的相遇,让我看到改变是如何发生的

从那以后,我持续做培训至今,一晃居然近20年了。在这近20年的时间里,我经历了培训工作的各种岗位,体验了培训领域的不同角色,从培训机构的培训顾问,到企业内部培训管理者、企业大学执行负责人,再到企业内训师,最终成为一名商业培训师、创业者。在此期间,我与大量企业中高管接触,他们的年龄大多在35~45岁,这是一个上有老、下有小的年龄段,这个阶段的人是家庭的中心,也处于事业的关键期。

课堂上,我常问我的学员:"在最近的工作生活中,你最想要什么?最想突破什么?"我给他们时间去书写,然后请他们把自己的答案贴在一面我叫作"许愿墙"的空白画布上。将愿望张贴后的他们开始彼此分享,我站在后面旁听,并带着无比敬畏好奇的心去浏览他们都写了什么。

如何能让我更快乐?

我如何能活得久一点,有更多时间陪伴孩子成长?

我怎样能恢复从前的体重，瘦 15 斤？

我怎样能结束和家人异地生活的情况？

如何平衡工作和家庭？

怎样能减少我的精神内耗？

……

看到这些愿望，我的心情是难过而辛酸的，因为这些愿望是那么真实。我似乎可以在看到这些愿望的同时，看到学员们那不在现场的爱人、父母、孩子，看到学员们曾经无比喜爱的自己；同时我也深知，这些愿望在那个当下又是充满挑战与困难的。当我问大家，是不是真的想要实现这些愿望？他们异口同声地高呼："想！"我的心为之振奋，也充满期待，因为我和大家共同学习的过程，便是探索"如何将愿望实现"的旅程。

成长目标涉及最多的莫过于"我要怎样才能过上我想要的生活？""我要怎样才能真正去做我喜欢的事业？""我要如何在人生关键的转折点做出让自己安心的选择？""我接下来的职业方向是什么？"

这个时代的我们，投入很多时间学习成长、学习方法、提升技能，想让自己的工作、生活更好。

那么，是否真的存在一种根本的方法能让我们过上想要的生活？

转念的奇迹

当我不断地深入参加各类身心成长课程，聆听全世界不同体系、不同派别大师和培训师的教导，广泛阅读个人成长类书籍后，我发现在所有这些成长体系的背后，都蕴含一条同样的路径，那便是**支持人们去发现那些阻碍自己获得幸福、成功的根深蒂固的想法和信念。**

想要创造不同的人生，就需要摈弃过去限制性的想法；

想要体验非凡的经历，便需要尝试过去从不曾做过的事情；

重复旧的做法，得不到新的结果。

我身边不乏有成长型思维的终身学习者，他们真的太善于学习，学完一门课、听完一本书，要点笔记、思维导图、视觉卡片同步输出。然而，为什么学了这么多、懂得了那么多道理，却仍然过不好一生，生活依旧没有多大的起色？

除了没有真正学以致用、马上行动解决问题外，还有一个隐藏很深的原因，那便是他们脑中的想法并没有得到真正的升级：

很多人渴望丰盛的财富，听了很多财富课程，但是骨子里就是感觉自己没有价值，觉得自己的东西不值得别人付费，感觉内心非常匮乏，总担心钱会很快被花光。

很多人向往美好的关系，跟随老师的训练营刻意锻炼，知道了很多技巧，学习了不少方法，比如怎么好好说话、怎么表达欣赏、如何了解对方、如何建立共同的价值观……然而，从小浸泡在父母吵架家庭氛围中的人们，心底深处很难真的相信自己可以拥有和谐幸福的关系。

很多人努力获得职位的升迁，学习向上管理、横向沟通，却总在内心怀疑他人的真诚，总感觉没有谁是值得信任的……

是什么让我们学习了却没有改变发生？

是什么让我们困在原地，难以突破？

是我们对于过去的记忆与信念。

与之相反，也有人，每隔一段时间遇到他，总会发现他和上次见面时判若两人。倘若你好奇地去探寻，一定会发现，**对方的变化常常在对过去想法和信念发生松动的那一刻，就开始产生了。**

生命中所有向好的转变，都始于一次转念。

这本书的阅读与实践过程，就是一趟发现自我信念的旅程，也是创造奇迹的旅程。

你会通过他人的故事，看见深藏于大多人内心的限制性信念，领悟这些信念及改变的本质，并学习简单实用的方法，让转变真实发生。

念头一转，世界改变。

转变信念，改写人生！

生命就是恩典，奇迹无处不在。

近20年中,我接收到大量学员的反馈和分享,他们积极地与我交流互动,分享他们在人际、事业、健康、情绪等各方面获得的惊喜改变。他们持续呼吁我出一本给大众普及的教练思维应用书。因此,这本书不为专业人士所写,而是为每一个想要在生命中创造积极改变的人而写。

二、如何更好地使用这本书

这本书的组成

近20年的时间里,从最初聆听几个人的痛苦挑战,到如今服务过上万名学员,我回忆并尝试梳理学员们遇到的问题和困境,发现了一个有趣的共同特征:

一个人在一生中最重要的领域莫过于以下4个方面——

第一,意义与梦想:这是每个人内心深处的渴望,是那些对我们重要的事情,是我们最想实现的理想未来,它指引我们前进的方向,帮助我们做出重要时刻的关键决定,无论是否清晰梦想是什么,追寻的意义是什么,我们每个人都在被内在的这部分驱动和影响着。

第二,人际与关系:这是每个人与一生中所遇生命的互动过程,包括与自己的关系、与他人的关系。在关系中,我们不断了解自己、看见自己,在不同的关系中我们得以真正地修炼与成长。

第三，思维与成长：思维决定情绪，情绪影响行为，我们的思维就是我们看待世界、思考问题的方式，是那些潜藏在我们脑中的想法。

第四，身体与行动：我们如何使用自己的身体，我们每天在做什么。借由身体与行动，我们才得以把所有脑中的构想转变为鲜活的现实。

在构想这本书的结构时，我便是围绕这4个人生的重要领域逐一展开的。每一篇都包括5个章节，每个章节由转念故事、转念奇迹、转念时刻、转念肯定句4个部分组成。

这是一本什么书

这是一本故事书。

每个章节由一个或几个故事开启，你会与20多个主人公相遇，在他们的生命故事中，你或许会看到自己的影子，也会看到与你挚爱的亲朋类似的经历。这些故事是我见证过的真实的事，通过阅读这些故事，我想你会更理解自己、更懂得他人，从而被一定程度地疗愈，又或者得到一些启发。

这还是一本思维拆解书。

故事虽然感人，却无法真正让生命有所不同。书中"转念奇迹"便是对故事本质的拆解，你可以看到故事之所以发生翻转，背后的秘诀是什么。超越现象，看透本质，未来才能快速洞察事情关键，不让错误遗憾重复发生。

这更是一本方法书。

书中的"转念时刻"给出了简单实用的方法和工具，你可以通过练习，获得支持自己发生正面改变的简单实用的技能，从而在自己的生命中创造改变，真正从"知道"到"做到"。

因此，我鼓励你不只是去看，更需要去实践，跟随书中我为你提供的问句探索自己，应用书中的工具模板，花时间去梳理"你"——这个最值得探索的系统。一切问题的答案不在别处，而在你的内心深处。

此外，书中每章节都配有"转念肯定句"，转念肯定句是基于不同篇章内容的正面肯定句，每当你诵读它们，便是在更深层的潜意识里面转变你的想法。它们是一份有力的提醒，确保你在正确的思维轨道上前行；它们更是一种能量的加持，时刻点醒你自己的身份是什么，帮助你更清楚地认知你是谁。

如何阅读这本书

你可以从头至尾阅读本书，也可以从你感兴趣的篇章开始；你可以只看故事，也可以马上学习转念的方法，为自己的生命创造即刻的改变。

希望你在阅读本书的过程中，平静、喜悦、轻松、自在。

前言

改变生命中所有你不想要的现在，都需要一次转念

到底是什么在影响着我们

虽然看起来我经历了很多波折和不如意，但是在内心深处，我无比庆幸。在一次次看起来失败的时刻，我总是可以打败头脑里恐惧、担忧的小声音。这些声音常常是一句话，大多来自我们过往的经历或自己生命中权威人士的告诫，比如父母、老师、长者、身边的牛人。

这些声音就是我们的信念。

什么是信念

信念就是那些你深信不疑的念头、想法，你把它们当作了自己的真相。于是，它们成了你评判人、事、物好坏对错的标准，成了你接收与过滤信息的筛子。

有些信念会助力你成长，让你更好地实现目标，我们把它们叫作支持性信念。

转念的奇迹

比如:

我可以通过学习成长,改变我的命运。

过去的经历虽然令我伤心,但是未来一定会越来越好。

支持性信念总会让人感觉到力量和希望,你感觉到的是信心,看到的是机会和可能,生命是充满弹性和空间的。

有些信念会阻碍你的发展及目标的达成,我们把它们叫作限制性信念。

比如:

大学读了什么专业就一定要做相关的工作。

女人,一定要温柔。

男人有钱就学坏。

我只能靠工资赚钱。

做了妈妈,我就不能做自己了,我的时间只能用在家庭和孩子身上。

限制性信念会让我们的思维变得狭窄,我们会对外界的人、事、物形成自己的评判,就好像为自己安装了一个过滤器,只会敞开接纳符合自己想法的人、事、物,而把不符合的屏蔽在外。

我们相信什么,往往什么就会发生。每个人的过滤器会为自己创造信念所呈现出的外在世界。

相信"大学读了什么专业就一定要做相关的工作"的人，无论自己对专业有多么不擅长、不喜爱，都会在工作中忍耐，而不会去寻找外界的机会和可能。

相信"女人，一定要温柔"的女性，常常会压抑负面情绪，即使被外界不公平对待，也常常会忍气吞声。

相信"男人有钱就学坏"的女人，会担心丈夫变得富有，或者在丈夫拥有财富后怀疑、恐惧，又或者始终过着贫穷、普通的生活。

相信"我只能靠工资赚钱"的人，其他的财富管道都被关闭，只会在工作中拼命努力，却很难获得丰盛的财富。

相信"做了妈妈，我就不能做自己"的女性，注意力会完全投放在家庭和孩子的身上，无暇关注自己的需求，在委屈、无奈、压抑中日复一日地付出……

所以，能够识别自己的信念是支持性的还是限制性的就显得尤为重要。

限制性信念有哪些特点

限制性信念总是以一句话的形式呈现，而且常常有"一定、应该、必须、不得不、就得、要么……要么、一旦……就会、就是怎样、只能"等词涵盖在其中。拥有限制性信念，很容易让我们产生"非黑即白""非对即错"的反应。

转念的奇迹

想想看,你平时说哪些话的时候会加上这些词语呢?当你用这些词语与其他人说话交流的时候,其他人会有怎样的感觉呢?

高中时我的闺密就特别喜欢说一句话:"这个是绝对的。"我和其他几个好朋友每次听到就会忍不住反驳:"为什么是绝对的,你怎么知道是绝对的,就没有例外?"带有限制性信念时,我们的确很容易引发别人的反驳、质疑和对抗。

限制性信念是怎么来的

不幸的是,限制性信念大多隐藏得很深,它们潜移默化地影响着我们的思维方式、行为,也为我们创造了当下的生活,却常常不为我们所知。小时候,我们听到什么就相信什么,看到什么就把什么当真,爸爸妈妈、爷爷奶奶、我们信任的老师说过的很多话、相信的东西也就成了我们信奉的真理,渐渐内化成我们的信念。

比如,很多人从小都听过长辈说"赚钱是非常辛苦的",他们也的确感觉赚钱是费力的、困难的,赚钱不容易。我有一个朋友是顶级销售,他的销售业绩很好,但是如果一个单子很轻松地来到他手里,他总是会想方设法拖延成交,因为他不相信成交是可以轻松完成的。他从小就深信赚钱是一件很费劲的事。

前言 改变生命中所有你不想要的现在，都需要一次转念

我的一位好友，她的母亲当年怀她的时候，受到了外界环境的很大压力，因为知道怀的是女孩子，家族其他成员都要求她一定要继续生育，直到生出儿子。然而她母亲却非常坚定地做了绝育。好友在长大的过程中，不断地体验着母亲内在强大的信念——"女孩子一定要自强，要比男孩子厉害"，这给她带来了很深的影响。她从小读书、长大工作总是在争第一，一路拼搏到知名外企很高的职位，尽管如此，她却从没有感觉到自己内在的快乐和满足，反而异常痛苦，也因此踏上了自我探索和成长的道路。她逐渐意识到妈妈的想法给自己带来的影响，渐渐学习着一点点做回自己。

除此之外，我们在成长过程中经历的大事件，也会让我们的内在做出一些决定，形成一些限制性信念。

比如，一位女性，40岁那年离婚了，她没有想到自己深爱了15年的丈夫居然能和自己离婚。从那以后，她最常和我们说的话便是"男人是不可信的"，这句话成了她的一个信念，会在未来的亲密关系中深深地影响她对男人的看法。你可以想象到，或许这位女性再也不会步入新的两性关系中，直到她改变这个想法。

如何识别并突破限制性信念

在与大量个人开展深度沟通和合作的过程中，我有一个非

常重要的发现,那就是——**大多数人面临困境或遇到瓶颈,几乎都与限制性信念的识别与突破有关**。也就是说,在当下的生命阶段,如果你遇到了困难,感觉很难突破,就是发现自己有什么样的限制性信念的绝好时机。

其实,我们过往拥有的限制性信念在很大程度上都曾帮助过我们,"一心扑在工作上"让很多人在进入职场的前10年不断成长和突破,获得了理想的职位和收入,然而到了40岁左右,家庭和事业之间的失衡、亲子关系和夫妻关系中的危机,让我们不得不停下来,重新审视自己的生命要往哪里去:还要继续把全部的注意力投入工作中吗?"一心扑在工作上"的信念在此时已经不适用了,是时候去突破和升级信念了。

另外,如果我们能够对每日的生活工作保有觉察,也会更加容易发现自己拥有哪些限制性信念。"看见",即自由。当我们可以带着第三方观察者的中立视角,抽离出来看待自己的所言、所思、所想时,我们常常会洞见自己已自动运行多年的行为模式和思维方式。

好消息是,虽然我们每个人的出生背景、人生经历有很多不同,我们人生中重要的生命阶段和经历却都是极有规律的,所持有的重大限制性信念也是惊人的相似。

这便是我写这本书的初衷。我的人生、我所培训及辅导的上万名学员的人生,就是在这样一次又一次挫折中,不断转念成长的。**生命中所有向好的改变，都源自一次转念。**

德国哲学家海德格尔说："人活在自己的语言中，语言是人'存在的家'，人在说话，话在说人。" 捕捉自己内在的信念，特别是那些已不再适用于现在的你的限制性信念，去看到它们、转变它们，你便改变了自己的内在对话模式，也会让自己的外在世界发生你想要看到的改变。

每个人都是有故事的人，每个人的故事情节虽然不尽相同，但是故事发生的过程却总能引起我们极强的共鸣。通过这些故事，我们可以看到人们的限制性信念，以及用怎样的方法和工具可以突破这些信念，让我们的内心重获平静与自由，让我们的生活和工作重获突破与新生！这本书中的故事，是我在大量深度沟通工作中听到的重复率极高的故事，它们触动了我和很多人，我想也一定会触动你。（为保护个人隐私，故事中的人名均为化名。）

Reconsider & Miracle

第一篇

当你清楚自己想要什么时，全世界都会为你让路

01 梦想，原来触手可及

转念故事：我还能追逐自己的梦想吗

你有梦想吗？

很小的时候，我们都有梦想，梦想当科学家、医生、飞行员、老师等。慢慢长大，我们的梦想日渐被经历消磨，那么此时的你，还相信梦想吗，还敢做梦吗？你又是如何看待梦想的？

喜哥是我在培训时遇到的一位班主任。那是一个冬天的清晨，我第一次见喜哥。小伙子刚26岁，个子不高，戴着一副黑框眼镜，做起班级管理来一丝不苟。我进入教室的时候，映入眼帘的是整齐有序的学员桌椅、丰盛可口的茶歇点心，还播放着温和清新的背景音乐，他已经把一切都安排妥当了。

见我走进教室，喜哥立马上前迎接，帮我拎包，询问我什么时候出的门，来的路上是否顺利，课堂上还有什么特殊的需要……听到这些周到的问询，我的内心踏实又温暖。虽然我们第一次见面,却感觉无比熟悉和亲切,也让我对当天的培训更加安心。

培训顺利开展,课堂氛围热情且快乐,除了培训内容受到学员喜爱外,喜哥也得到了大家的喜欢。他每次上台发言,总会逗得大家哈哈大笑。在一旁聆听的我不禁赞叹:"这孩子可真有趣啊!"一天的培训下来,凡是喜哥上台,总是学员和我都无比期待的时刻。

下午开课时,我才得知喜哥有一个梦想——做脱口秀演员。我添加他为微信好友,发现他的朋友圈里都是自己在下班后参加脱口秀演出的照片,并且都清晰记录了场次和演出时间。

我不禁对喜哥产生了更强的好奇。

两个月后,在另一个培训项目里,我们再次相遇。喜哥还是那样,全身心投入在白天的培训管理工作中,晚上继续奔赴他的脱口秀舞台。

一年后,无意间看到了喜哥的消息,他已经是一名全职脱口秀演员了。得知消息的那一刻,我发自肺腑地为他感到开心,我知道这开心背后有我对他的钦佩,还有一份尘埃落定后的释然和安心,更有一份对他未来的美好祝愿。

我好奇这一路他是如何坚持的?他是如何一步步实现自己梦想的?做出如此大的转型,他害怕吗?

其实，喜哥早在四川读大学的时候，就对学业和未来的职业发展感到迷茫困惑，于是决心走出校园后，多做一些不一样的尝试和体验。他开始学习中文演讲，其间无意间接触了职业生涯规划，感觉会对自己未来的职业发展非常有帮助，于是系统参加了相关的学习。探索过程中他发现自己对表达很感兴趣，于是有了想要成为一名讲师的心愿。

同班一位老师知道了喜哥的情况和需求后，建议他先从加入生涯规划机构做一名班主任开始。喜哥感觉这的确是一条通往梦想的有效路径，于是欣然接受了这个建议，并马上开始行动，顺利进入国内某家知名的生涯规划机构，从培训班主任开启自己的逐梦之旅。

作为刚毕业的大学生，这可以说是"曲线救国"——从做教学运营入手，这样能真正踏入这个行业，观摩成熟老师授课，也能让自己对于这个领域的认知更全面，浸泡多了，机会也就多了。喜哥做事踏实细致，教学运营工作做得出色，是机构最受学员喜爱的班主任之一。

然而，想要成为成熟的培训师，需要丰富的资历和大量的实战锻炼，喜哥发现年轻的自己距离成熟的培训师还有很远的路要走，很多事并没有最初想象的那么容易。

同时，经历了多年的教学运营工作，喜哥和大多数人一样，逐渐感觉到职业倦怠。偶然的机会，他接触了脱口秀，自然涌现的喜悦和兴奋又一次从内在升起。也是在那个时刻，喜哥发现了一个对自己非常重要的真相——无论是成为讲师，还是脱口秀演员，其实自己喜欢的本质是"表达"，而想要表达并不只有"成为讲师"这一条路可选。

虽然成为脱口秀演员对喜哥这个新手来说依然是困难的，但是在喜哥看来，相对讲师而言，脱口秀演员在初期的门槛会低一些，他丰富的过往经历都可以成为素材。喜哥大胆开始了全新的尝试。

他开始利用业余时间学习和参加演出。为了更好地了解这个职业，他访谈了多位脱口秀演员，了解他们真实的职业现状。他发现脱口秀演员的收入非常不稳定，这是非常现实的问题；另外，他无法一步登天。于是，喜哥决定分两步走，先稳健地做教学运营，等到收入能养活自己后再转行。

就这样，喜哥继续留在这家机构做教学运营，但是他投入脱口秀的时间越来越多，每当完成一天的教学运营工作，他便快速到达剧场演出，变身脱口秀演员，两种角色切换自如，灵活又放松。

原本以为风平浪静的双轨切换工作就这样了，老天却给了喜哥一次重新审视自己的机会，他意外地患上了严重眼疾——视网膜脱落。在住院的一周时间里，喜哥躺在床上，突然感慨健康如此重要，生命如此珍贵。

他常常问自己:"如果我真的看不见了,或者因为意外突然离开这个世界,没有成为脱口秀演员,我会后悔吗?"这个灵魂叩问一发出,喜哥内心的答案便出现了:"我会非常后悔,如果现在不做就晚了。"之后,喜哥对于脱口秀的喜爱更加坚定,在他看来,即使失明了,他仍然可以讲脱口秀,依然可以站在观众面前去表达,去传递快乐。

之后,喜哥把自己的想法与身边的人进行了沟通,他得到了家人和女友的支持,也得到一路见证他努力、支持他成长的领导和同事的鼓励。就这样,他带着信任与勇气,果断辞职,成为一名全职的脱口秀演员。

那年,喜哥 27 岁。

转念奇迹:把握梦想的 5 个本质,点亮你的每一天

或许你听到"梦想"两个字就会害怕,甚至想要往后退两步。特别是当你已经工作 5 年、10 年,甚至更久以后,你开始怀疑自己是否还可以做梦,是否只能安住在现实的生活日常里。

拥有梦想,是人类最伟大之处,是人类才有的特权。

什么是梦想

梦想是我们对未来的理想与渴望,如梦幻一般美好。如果

一个人的梦想足够清晰,可以呈现出具体的画面、场景,我们也可以称之为"愿景"。为了大家真正把握梦想对自己的积极影响,接下来我把梦想称为"愿景"。

愿景,本意为"希望看到的情景"。这些年,我有机会去聆听不同个体、不同团队、不同组织的愿景,在这个过程中,我渐渐想把愿景定义为**"当愿望实现时的情景",它是一幅清晰的画面**。

很多人对马丁·路德·金于1963年8月28日在华盛顿林肯纪念堂发表的著名演讲《我有一个梦想》(I Have a Dream)非常熟悉,他的演讲内容是关于鼓励黑人争取平等和自由的,其中有大段内容描述了马丁·路德·金憧憬的实现了平等自由后的景象,不仅在当年演讲时极大地鼓舞了广大的黑人民众,更成为如今很多演讲爱好者学习的典范。我摘取一段来看看——

我有一个梦想(节选)

[美国]马丁·路德·金

我梦想有一天,这个国家会站立起来,真正实现其信条的真谛:"我们认为真理是不言而喻的——人人生而平等。"

我梦想有一天,在佐治亚州的红山上,昔日奴隶的儿子将能够和昔日奴隶主的儿子坐在一起，共叙兄弟情谊。

我梦想有一天，甚至连密西西比州这个正义匿迹、压迫成风、如同沙漠般的地方，也将变成自由和正义的绿洲。

我梦想有一天，我的4个孩子将在一个不是以他们的肤色，而是以他们的品格优劣来评价他们的国度里生活。

今天，我有一个梦想。

我梦想有一天，亚拉巴马州能够有所转变，尽管该州州长现在仍然满口异议，反对联邦法令，但有朝一日，那里的黑人男孩和女孩将能与白人男孩和女孩情同骨肉，携手并进。

今天，当你再一次看到这段演讲文字时，你会有哪些发现呢？为什么这场演讲会如此打动广场上的群众？

这是因为马丁·路德·金为所有黑人描述了一幅令人怦然心动的愿景画面。

所有激励人心的愿景，可以让人们看到画面中的不同组成，看到相关的人、事、物和环境，看到细节、动作，看到颜色，也看到人物之间的互动，甚至可以听到场景中的声音，乃至更多。这一切会让人们感到梦想其实是如此真实与鲜活，就好像可以用手触碰到一般，人们的内在也会由此产生相应的感觉，比如激动、幸福、兴奋、开心、满足等。

有时愿景中还会包含一些深层的隐喻,隐喻有时也常以画面的方式呈现。比如:很多学员看到自己的愿景时眼前浮现的是一大片青草地,那里生长着一棵巨大的梧桐树;也有学员看到的是一个有魔法的精灵,轻盈、百变、自在。

所以,真正能够激励我们的愿景一定不是虚无缥缈的假设,不是假大空的描述,而是具体的、清晰的,让我们感觉活生生的、可以实现的景象。

区分愿景与目标

很多人会把愿景和目标搞混。**目标是人们做事希望获得的成果**,我们在职场中常用的 SMART 原则就是目标制定的原则,目标包括具体的衡量维度、数字指标、时间限定等。所以从某种程度上来讲,**目标包括很多理性的元素**,是经过头脑分析、判断、推理得出的,在企业里随时随地可见的就是目标。

那么愿景是什么呢?**愿景是目标实现后的情景,也就是所有的任务指标都完成了以后会发生什么,目标实现了会怎样。愿景常常是感性的**,是触动内心的,是人们希望在达成目标后获得的体验。

愿景极具个人色彩

不同的人、不同的事情、不同的周期,都会导致人们的愿景非常不同；甚至面对同一件事情，同一个人在不同的时间节点都会对其有不一样的期待。

举个非常生活化的例子，减肥瘦身是很多人的目标。一个人可以有 3 个月减多少斤的目标；同样可以有半年减多少斤的目标；可能还会有一个 3 年的目标。在不同的时间节点，当想要的目标实现后，人们就可能看到不同的自己，看到自己与不同的人在各种不同的场合互动，这些阶段性的目标让人们看到了自己迈向成功时鲜活的样子。

还是这个例子，即使目标都是想要在一年内瘦身 15 斤，不同人的愿景却可能千差万别。比如：一个人的愿景是自己瘦了 15 斤，就可以穿着 5 年前的晚礼服在她非常喜欢的一家餐厅展示她最爱的舞蹈；另外一个人则可能是瘦了 15 斤后，能带着妻子去爱琴海拍一套结婚纪念照片。

所以，不要期待你一定会和别人有一样的愿景，也不要奢望你的孩子会因为你为他构建的愿景而激动。每个人生而不同，每个人内在渴望的、可以驱动自己的东西，都是独特的。

愿景的 4 个维度

很多人说愿景大而空，其实是因为我们大多数人都有误区——愿景都是努力很久以后才会实现的，它很远，一时半会儿够不到。那到底可以怎样厘清愿景呢？

我尝试从以下 4 个维度来厘清愿景：

第一，从愿景的主体来看， 愿景可以分为：个人愿景、团队/部门愿景、家庭愿景、组织愿景、社区愿景、国家愿景等。

第二，从愿景的客体来看， 愿景可以分为：身体健康愿景、职业发展愿景、专业技能提升愿景等。

第三，从事情复杂程度来看， 愿景可以分为：一件事的愿景（比如，常年加班的高管可以有时间和孩子过一个周末）、一个小项目的愿景（比如，完成下个月的阅读大数据分析）、一个大项目的愿景（比如，完成部门转型）等。

第四，从时间跨度来看， 愿景可以分为：1 个月的、6 个月的、1 年的、3 年的、5 年的、10 年的，甚至是一生的。

这 4 种对愿景不同维度的区分常常会出现交叉，比如，每当新年伊始，很多家庭会围坐在一起规划全家新一年的愿景，全家人一起畅想这一年有哪些愿望，一定要实现些什么，年底最美好的场景是什么。

再如，企业里研发部门研发新产品需要 3 年时间，他们拥有一个 3 年的愿景（时间跨度），就是当新产品研发成功时会发生什么，那时他们会看到怎样的景象，画面中会有哪些具体的人、事、物；还可能包括产品的愿景（具体事物），也就是研发成功的产品是什么样子的，包括哪些功能特性；同时，他们可能在 1 年、2 年都拥有阶段性的愿景（时间跨度），并且研发部有自己的部门愿景（愿景主体）。

所以，当我们谈到愿景，不一定都是宏观的生命愿景，也可以落实到非常细小、实际的生活工作中去。

参与愿景的创建才有激励性和责任心

大多数愿景让人听后无动于衷，都是因为那种愿景是被强加的，人们是被告知的，他们被认为需要认可和接受这样、那样的愿景，也就是说人们完全没有参与愿景产生的过程。

反之，如果在愿景产生的过程中，人们有情感、思维、身体等的参与，愿景画面中真的有他们，那么将会有非常不一样的效果。

国内一家提供交通安全指挥调度技术及服务的上市公司，在公司成立 20 周年庆典上邀请各部门员工畅想公司 10 年后的愿景，结果让总裁非常惊喜。他发现，员工能够想到的远超过高管的想象，员工构建的愿景与公司已形成或计划中的愿景有那么多共通之处，员工原来有如此多的智慧和热情！

愿景需要与人们产生共鸣和连接，人们能够在其中找到自己，需要感受到自己对愿景的贡献，从而会承诺实现愿景。愿景有多么完美、多么伟大不是最重要的，愿景属于自己才是真正重要的。

转念时刻：5 个好问题让愿景触手可及

每年年底，我都会为来年做愿景展望，我和团队也会举办"梦想成真工作坊"，带领近百位伙伴一起为新年创建愿景。现在我就和大家分享一下这个简单有趣的创建愿景的方法。

准备：

白纸（A3 大小最佳），水彩笔／水粉，过期的彩色杂志，剪刀，胶棒。

还有最重要的：放松的、开放的、好奇的你自己。

接下来，问 5 个好问题：

第一，新的一年就要到了，对你来说这一年最理想的状态是怎样的？

第二，如果这一年有 3 个最重要的主题词，会是什么？

第三，这一年你最希望实现的愿望有哪些？

第四，如果这些愿望都实现了，你会看到什么，听到什么？你的感觉如何？

第五，为了实现新年愿望，你最关键的 3 个计划是什么？

温馨提示：

在回答这些问题的过程中，你可以随时记录自然浮现的灵感、观点和画面，不用去思考是否合理，一定记得创建愿景的过程要够大胆，不设限。

你可以记录关键词，放松涂鸦，也可以借助杂志，将上面的图片、文字剪贴下来装饰、张贴在你的愿景板上。

第一次做的过程不需要多么完美无瑕，如果有必要，你还可以根据自己的喜好在初稿上进行完善。

图 1-1 是一个愿景板模板，仅供大家参考，不要被模板限制了你们的创意哦。

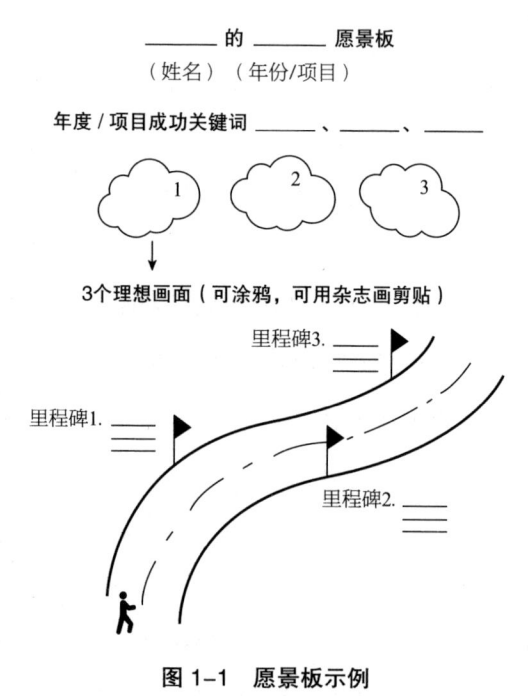

_____ 的 _____ 愿景板
（姓名）（年份/项目）

年度/项目成功关键词 _____、_____、_____

3个理想画面（可涂鸦，可用杂志画剪贴）

里程碑1.
里程碑2.
里程碑3.

图 1-1 愿景板示例

· **转念肯定句** ·

我任由自己的想象天马行空。

每一天,我都朝向我的梦想。

02 你终日汲汲所求的，或许并不是你真正想要的

转念故事：我想开始弹吉他，却总也做不到

一次演示环节，我问大家："谁愿意做我这次谈话的对象，探索自己近期想要实现的一个目标呢？"

教室里一片寂静，两分钟后，一位男士，歪着脑袋，望着我快速地眨了几下眼睛，然后举起了他的右手："老师，我来！"我和全班学员一起为他鼓掌。

他站起来，上半身有些蜷缩，眉头紧锁，右手挠了挠后脑勺，然后缓缓地走到讲台前，坐到我左手边的靠背椅上，就这样我们开始了这次对话。

我好奇地问他："不知道这15分钟，你最想谈的是什么呢？"他双手交叉放在胸前，右手拿着麦克风，侧脸看着我，停顿了几秒，向左侧歪了歪头，眼神有点游移地向天花板看了看，说："嗯，我想谈谈我弹吉他这件事。"

听起来是一件小事，却被他当作话题，我更加

好奇这背后发生了什么。于是我继续问他:"你想谈弹吉他的事,可以说说对话结束后,你具体想要收获什么呢?"他便开始介绍这个话题的背景了:"我是一家企业的负责人,平时真的非常忙,今年更是如此,之所以说弹吉他,是因为我想要让自己的生活里多一些乐趣,不只是忙于工作。另外今年我非常忙碌,没有时间陪老婆女儿,我不喜欢自己这样的状态,希望改变。"

我继续问他:"那么,弹吉他到底能给你带来什么呢?"他一下子静了下来,左手托着拿着麦克风的右胳膊肘,下巴搭在麦克风上,停顿了十几秒,然后将头向右侧过来看着我说:"老师,你问了一个好问题,弹吉他会让我感觉到轻松、平静!我想要找回这样的状态,这样的状态对我来说非常重要,如果我能经常处于轻松、平静的状态中的话,我会更加平和地对待家人和员工,我的身体状态也会好起来。"

我重复他说的关键词:**"你想要轻松、平静。"**他回复道:"对,就是这两个词,我想要这样的状态,非常重要。"

还记得他上台前身体有些蜷缩,可是此刻,我看到他眼里泛着光,后背也自动挺直了,能感觉到他获得了一些力量和支持。

我接着问他:"如果你真的活在轻松、平静的状态里,和现在的自己相比,会有哪些不同?另外,怎样能够让自己经常处在轻松、平静的状态里呢?"听到这两个问题,他整个人都精神起来了，他已经活出了他想要的轻松与平静（就在那个当下，我感觉到的就是那份轻松、平静）。他开始和我分享："今天我意识到我真正想要的是轻松、平静的状态，弹吉他只是其中一种方式，我还可以有很多选择。比如，我可以去跑步，我很喜欢跑步；我可以晚上留出时间陪老婆和女儿，每次和她们在一起我都是非常平静、轻松的；我还可以让女儿教我画画……"

那一刻，他的身体开始放松地靠在椅背上，双腿膝盖敞开向外，满意地点着头，脸上露出非常自在的笑容。我和台下的很多同学都感受到了，对话前被困住的那个他，此刻已经活过来了，他看到了自己真正想要的本质——轻松、平静，而不再受限于"弹吉他"这个形式。因为他真正想要的是轻松、平静，那么此刻他便可以找到轻松、平静的感觉，并且可以在未来发现很多的方式去活出这样的状态。

转念奇迹：知道真正想要的是什么，此刻你就能拥有它

很多时候，我们总是感觉得不到自己想要的东西。

比如：我想买一套房子，可是还没攒够钱；我想要一间属于自己的工作室，可是我的影响力还不够；我想和具有创造力的伙伴做同事，可是我没办法换工作……我们总是会因为得不到想要的东西而感到沮丧、懊恼和失望。

真相是，我们想要获得一件事物，并不只是想要这样事物本身，而是想要通过它们实现自己更深层的需求，获得更本质的满足；我们真正看重的是事物能够满足我们的本质需求，能够给我们的生活和工作创造价值和意义。

这个本质需求、价值和意义，其实就是我们内心深处无比珍视的价值观的体现。

价值观是什么

到底什么是价值观？

其实，我们在理解价值观的时候，并不需要找到权威的定义或说明。

价值观，是对于"一件事为什么重要"这个问题的回答。

同样是创业，有的人看重创业的成就感，有的人看重创业带来的富足感，还有的人创业是为了奉献社会。

价值观一直伴随着我们。只是很多人在开始自我探索、内在成长之前没有真正意识到它的存在。

那价值观有什么用呢？它的意义在哪里？

从整体而言，**价值观最深层的意义就是指引我们的人生方向，让我们能够活出自己。**

日常生活中，价值观随时随刻都在左右着我们的选择和决定。只不过很多时候我们在做选择或决定时，并不知道我们的依据是自己的价值观。

价值观,与我们内在的情绪和情感有着非常深的直接连接,它是我们做一件事情的驱动力。因此,如果我们知道自己的价值观,并且跟随它,就能够身心合一地做出人生的重要决定,在事情完成以后也会感觉放松、自在和满足。

很多人到了三四十岁时会开始思考人生的终极问题:"我为什么而存在?""我到底要怎样继续我的人生?""我的人生到底要往哪里去?"

你是否也在深夜问过自己这些问题呢?

当我们能够清晰认识自己的价值观,并能遵循自己的价值观行动,那么我们的内心就是平静和自由的。

价值观的 3 个层次

价值观是一个系统,而且一直在动态变化着。价值观的形成与变化常常会受我们的人生经历、家庭背景,包括一些重大事件的影响。

比如,有的人小时候非常喜欢自由探索,充满好奇,但是因为一次小小的失误,遭到了父母严厉的批评,他的内在便会做出一个判断——好奇、探索是会受到惩罚的,于是,他可能会从此将"安全、稳定"作为自己新的价值观。

你可能或多或少探索过自己的价值观,发现自己的价值观系统由很多词汇组成，比如勇敢、自由、善良、爱、慈悲心……非常精练，却非常有力量。

于是你或许会好奇，自己的这些价值观之间是不是有什么联系。

在我看来，我们可以把价值观系统分为 3 个层次（见图 2-1），这是一个从表层越来越深入的渐进过程。

图 2-1　价值观系统的 3 个层次

第一个层次：方法 / 工具价值观。

方法或工具价值观，就是指我们为了达成目标需要用到一些手段、工具或方法。比如，我在日常沟通时很容易遇到这样的客户，当我问："为什么你要做这件事情呀？"他们一般会不假思索地说："为了赚钱养家啊！"如果这个人以前没有探索过更深层的价值观,就很容易在一开始说出比较表层的价值观,也就是为了实现最终目标所用的方法、工具和路径。再如,很多人想要创业,所以他们认为赚钱能实现这个目标。在前文提到的故事中,我的那位学员也是如此,他将"弹吉他"当作重要的事,是他实现自己目标的方法和路径。

所以,我们可以看到**"方法/工具价值观"其实是在行为(doing)层面的价值观,是关于"如何做"的**。然而很多人以为这就是自己真正想要的东西,于是会在得不到时感到失望、沮丧和懊恼,也会产生自我否定。

第二个层次:目的价值观。

我和大量客户沟通的时候,一旦对方谈到了工具或方法价值观,我会意识到这只是对方所追求事物的表层,于是我会继续带领客户探索:"如果你真的赚到了需要的金钱,这对你又意味着什么呢?"或"如果你真的赚到钱了,那么你会获得什么呢?你更深的追求是什么呢?"

此时他们的回答常常会带出更深一层的价值观,这个层次的价值观就是**目的价值观**,指的是人们做一件事背后更深的意图和目的。我们把这个层次的价值观归到 having 的层面,也就是一种**"拥有""得到"**的感觉。

某些人的回答可能会是:"那我就会拥有非常稳定的收入,我的家庭就会更加安全。""安全""稳定"这些词,就是这个人

Sheena 神话 绘

一旦你知道自己真正想要的是什么
你就能拥有它
也有了无限可能性去实现它

的目的价值观,他想拥有稳定、安全的感觉,通过赚钱这个方法或工具,能够得到"安全"和"稳定"。

对于想要"弹吉他"的学员来说,弹吉他只是他想要实现"轻松、平静"状态的方法之一,"轻松、平静"才是他真正想要拥有的状态,这种状态能真正支持他活出自己想要的人生,实现更多的目标。

价值观越深入,我们就越能将自己内心的情感和意图相连,我们便会更加清楚地知道自己在做一件事情时更深层的追求是什么,这件事对我们的驱动力和影响也就更大。

第三个层次:核心价值观。

围绕赚钱这个例子,我们继续发问:"如果你真的为你的家创造了安全和稳定,那么这对于你来说更深层的意义是什么呢?""如果你真的为你的家庭实现了这一切,你会成为什么样的一个人呢?"当我们进一步提出类似的问题时,他的内在是不是会浮现出来更深层的价值观词汇,比如爱、自由、喜悦、平和、存在感,等等?

越深层的价值观,似乎就越难用语言去描述,只能去体会,有点只可意会不可言传的味道。这些词语就是一种存在的状态,是 being,也就是"成为"。这就是我们谈到的**核心价值观**。

在实现自己目标的过程中,我们如果了解了自己的核心价值观，便触及了自己内心深处追求的本源、最根本的渴望，就能够知道自己为什么一定要去追寻一个东西，当回看自己过往的人生，我们也会突然了悟自己一直想要做的事情真正是什么。

每个人都会有核心价值观。随着自我探索的深入，大多数人会在35岁到40岁左右的时候，有机会跟自己的核心价值观做一个连接，这也是为什么我们经常说40岁左右是人生最困惑的阶段，每天都在思考"我为什么而存在？""我这一生到底要做什么？"随着年龄的增长、自我探索的深入，最终我们会越来越聚焦于最重要的一个或几个核心价值观，随后完全稳定下来。

我们越早意识到自己的核心价值观，就越早清楚自己的人生方向：我们的人生到底要往哪里去，这一生到底希望留下些什么，希望自己成为一个怎样不一样的存在，能够创造怎样的生命体验，等等。一旦我们发现了自己的核心价值观，我们的内心就会非常稳定，就不容易被别人的观点、行为，包括外界发生的事情所影响。我经常开玩笑说："我有核心价值观，我什么都不怕！"找到自己的核心价值观，就能够守住自己的中心，如如不动，聚焦在自己想要做的事情上。

不同层次的价值观对我们会产生怎样的影响？

仍旧是赚钱这个例子，很多人每天只盯着赚钱，因为他们认为只有赚钱才能够实现自己的目标。但是假如一个人探索到了更深层次的价值观，他会怎样？

一个人想要赚钱，最后他意识到自由与爱才是他内心更深的渴望，那么对他而言，每个当下他都可以做一些让自己能够体验到自由与爱的事情，而不是赚到了想要的钱之后才能享受充满自由与爱的生命。比如：他可以每天抽出固定的时间独处，做自己特别想做的事，这段时间他就能完全体验到自由的感觉；他可以每天晚上入睡前回顾一天值得感恩的事情，这个过程中内心就充满了爱与温暖。所以，通往自由与爱的路径，有非常多的可能性，并不只有赚钱这一条路。

核心价值观是我们每个人内在渴望的存在状态，它能够将我们的日常行为与自己想要成为的样子、想要实现的梦想整合在一起。一旦我们搞清了自己更本质、更高维的需要，我们就会看到自己有非常多的可能性，可以做很多的事情，有更多的路去选择。

对于人的价值观体系来说，**从方法价值观到目的价值观，再到核心价值观，价值观的数量虽然是在递减的，但是它们为人们生活创造的可能性是越来越多的，带给生命的影响是越来越大、越来越深的**！

请列出你近期最想实现的目标，记得你要做的不是只盯着那些看起来的"我想要"，而是需要问问自己的内在：为什么我想要它，拥有它能给我带来什么？

  一旦你知道自己真正想要的是什么，你就能拥有它，也有了无限可能性去实现它！

转念时刻：3个方法带你与自己的价值观相遇

  了解了价值观的重要性，我想你或许能从自己想要实现的目标的背后看到自己内在深层的需要。那么，到底怎样能更有效地找到自己的价值观，而不被自己想追寻的外在事物"蒙蔽"或"干扰"呢？

  我给大家分享3个非常好用的方法，常常练习，你就会和自己的价值观相遇。

方法一：厌恶转角遇到爱

  有意思的是，在工作过程中，我发现很多来访者最初很难知道自己想要什么，却能很轻松地说出一大堆自己讨厌的东西。这也是很多人聚在一起就会自动开起吐槽大会的原因，说"厌恶"比说"喜欢"似乎简单得多。

  好玩的是，**所有你厌恶的东西，都加入了你的能量和注意力**。其实，你那么讨厌一个东西，恰恰是因为你想要的是它的反面，你在表达自己厌恶时的愤怒、不满时，恰恰是在呼唤自己想要的部分，只是你没有意识到罢了。

你讨厌家里人把东西随意乱放,是因为你喜欢整齐、简洁;

你不喜欢你的先生在角落里独自打游戏,是因为你喜欢家人在一起时的和谐与亲密;

你厌烦爸妈总是插手你的生活工作,是因为你渴望独立、自由与空间;

……

赶快拿起笔来,把你日常最讨厌的、反复让你烦恼的事物都列出来。记得一定要写出你讨厌这些事物的哪个方面,为什么讨厌;接着写下这些词语的反义词:

我讨厌/厌烦_____,这让我感觉到_____,因为我喜欢_____。

恭喜你,在填空题的最后一个空格处,你写下来的词语就是你的价值观。

方法二:榜样人物的闪光之处便是你的内在渴望

每个人都有自己欣赏的榜样人物,他们可能就是每日共处的父母、领导,也可能是在世界范围内让人无比钦佩的企业家、领袖人物,还有可能是已故的智慧先贤……**你之所以欣赏和钦佩他们,恰恰是因为他们身上有你内在非常看重的品质和精神,这些品质和精神就是你的价值观的体现。**

现在,请列出1~3位你非常欣赏的榜样人物,想想看,你最欣赏他什么,你为什么如此钦佩他?用3个词来表述,完成下面的填空。

我最欣赏的榜样人物是:

(1)姓名:_____,我最欣赏他的_____、_____、_____。

(2)姓名:_____,我最欣赏他的_____、_____、_____。

(3)姓名:_____,我最欣赏他的_____、_____、_____。

所有这些优点,都是你的价值观。

比如:我最欣赏的一位榜样人物是早年在印度学习时遇见的一位导师,我最欣赏他的幽默、智慧、从容。

"幽默、智慧、从容"就是我的价值观。

方法三:追问3个为什么

此刻的你,最想实现什么目标,最想要的是什么?

不要被目标本身限制,你需要问自己逐层深入的3个"为什么",才能知道自己内心深处真正渴望的是什么。

比如:我想要写一本书。

一问"为什么"——"为什么我想要写这本书?"

答案:我想要通过这本书**记录和传递**自己近20年践行教练工作的**体悟和智慧**,让更多人**受益**。

二问"为什么"——"为什么想要记录和传递体悟和智慧,让更多人受益?"

答案:因为教练思维能让学习者和践行者收获**积极、平衡和丰盛**的人生。

三问"为什么"——"为什么让人们收获积极、平衡和丰盛的人生对自己这么重要?"

答案:因为我坚信世界是**丰盛**的、**美好**的,我想要成为引领人们活出丰盛美好人生的**温暖**的管道。

上面是我的例子,如果仔细看追问3个"为什么"的过程,你就会发现我的价值观在不断地深入:从"记录、传递、体悟、智慧、受益",到"积极、平衡、丰盛",再到"丰盛、美好、温暖"。

当你按照上面的方法找到自己的价值观后,你需要在自己的生活和工作中时常与自己的价值观保持连接,在每一天践行你的价值观。

你可以——

将代表价值观的词语写下来,放在自己可以经常看到的地方,提醒自己。

选择能够代表自己价值观的玩偶、图画、饰品,随时陪伴自己。我的一位好友的核心价值观是"爱、真实、流动",当她把这 3 个词语放在一起的时候,她脑子里出现了一把钥匙和一颗心,于是她找到了这样的一条项链,每当她把项链戴在脖子上,就能体会到这些词汇带给自己的能量与支持。

发现能体现价值观的群体并靠近他们,参加体现价值观的活动,沉浸其中。

· 转念肯定句 ·

每一样我厌恶的人、事、物,都可以让我发现真正热爱的东西。

当我弄清我真正想要的是什么时,我便拥有了实现它的无限可能性。

当我明白我想要的事物的本质时,我在此刻便能拥有它。

03 世间最大的幸福，
莫过于做自己热爱的事

转念故事：可以通过做自己热爱的事过上理想生活吗

小雪通过朋友介绍找到我，我们约好用电话进行沟通。那年她29岁，化学专业硕士，毕业后在杭州工作了两年，做的是与自己专业相关的工作——研发治疗肿瘤的药物，后来又从事血糖仪销售工作，还在一家教育机构做过化学教师……她做了很多尝试，却感觉不到幸福。

我好奇地问她想要通过我们的沟通获得什么，她便开始描述自己面临的困境。

在现在的工作中，她不太能感受到幸福，每天很忙碌但是感觉不到充实，也很少会感觉到内在的成长，所以她时常会迷茫无力。她渴望更自由的表达，想要寻求更多同频的小伙伴，然而这个人际互动与社交的需求在很大程度上被工作环境限制了……

我好奇地问她:"那你希望自己是什么样的呢?"

"我希望自己能勇敢表达,尽量真实!"

我进一步询问:"勇敢、真实对你到底意味着什么?"

她说出了内心深处隐藏很久的心愿——放下自己化学专业的硕士学位,依循自己的爱好做出一些成绩。

那么,到底什么才是小雪的爱好呢?插画。

你是不是有些替小雪担心?难道小雪要放弃化学专业,开始做插画师吗?

你的内在是不是会升起这样的声音:"哪有那么容易?都快30岁了,这得冒多大的险啊?!"

是的,这真的不容易。这样的转变意味着全新的开始,意味着小雪要放下过去的积累;意味着她需要投入比过去更多的时间,一方面继续现在的工作,一方面学习插画,进一步发展自己的兴趣爱好;还意味着她需要更大的勇气和真实来面对外界的质疑和压力。

可是内在的热爱是骗不了人的。

小雪特别希望能够从事一份自己兴趣爱好所在的工作,能够深入下去,并且获得成就。在对话里,她越来越清楚自己想要什么,她对插画的热爱是如此强烈,当我们一起展望未来一年的理想生活时,小雪脑中所看到的画面无不透露着她自己投入在插画世界里的幸福、愉悦和满足——她看到自己有专门的工作间用来创作,甚至清楚地看到自己在电脑前画插画的样子,就连电脑上是怎样的一幅插画她居然都看得清清楚楚。当她看到这一切的时候,她的内心感动而兴奋,她对自己说:"我看到那样的自己真的好厉害呀!"

最让小雪心动的,就是"我真的成了一名插画师"。这个转变为她带来的是无可替代的个人特色,是自由的工作空间、越来越丰厚的收入,以及可以真实表达自己内心想法的技能。

当小雪越来越清楚自己想要的未来长什么样子时,她整个人都变得闪闪发光。对话之初那个带着恐惧、担心的小雪就像变了一个人似的。

那次对话结束前,小雪确定了接下来一年的规划。她希望通过一年的时间,在自己热爱的插画领域里做出一些成绩来。最后我问她,这次对话她收获了些什么?

她用坚定有力的声音回答我:

直面生活,看清自己!我要守住自己的幸福。

要相信自己有选择的能力,要坚持下去,不停地尝试!

要对自己有耐心,相信自己能做到。

任何事都不是一下子就能做到的,需要时间展现,需要不断磨炼,但是首先要对自己有信心。

很多话如果在平时听,可能感觉像鸡汤,然而当小雪说出来的时候,我感受到的是她内在的平静和坚定,还有对自己的接纳和允许,那是一种身心合一的力量。

结束对话前,她还为自己接下来实现转型制订了非常清晰的行动计划——

10月开课后每天坚持画,当天画完后发布到自己的朋友圈;

当晚便开始在自媒体平台分享作品,运营自己的账号;

做有益的事情,给他人帮助,帮助零基础的伙伴学习插画,比如自己绘画时拍照、分步骤画,从网络渠道做起;

自己主动带领生活,成为生活的主人;

她还为自己制定了第一个里程碑;

…………

那次对话后我对小雪保持着关注,现在的她,已经是"不晚君"啦!

我看着她一点点投入更多的时间和精力在自己热爱的事物中,每一天我都可以看到她的插画作品,可爱、鲜活、充满热情和生活气息,她也开始持续开设插画课程,现在她在全平台拥有近10万粉丝,并且有了自己的插画事业,还著有关于插画的书。

转念奇迹:爱做的事、被莫名吸引的领域透露人生志业

可能你会说,像小雪这样有勇气的人太少了,大多人都无

法突破职业困境。是的,的确如此。然而世界绝非只有南北两极,事物并非非黑即白。你最需要问自己内在的一个问题是,**为了能做自己真正热爱的事,我愿意付出的是什么?**

如果完全投身于自己热爱的事情是 10 分,完全没有机会做自己热爱的事情是 1 分,从 1 分走到 10 分的路,便是我们可以为之而努力创造的过程。**重要的是我们有多强的意愿,以及我们是否清晰地知道自己到底热爱什么。**

有一次直播主题是"发掘天赋",我带着直播间的小伙伴们通过提问来探索自己的天赋热情,大家都非常兴奋,不断在聊天区分享自己找到的天赋热情,只有一位女士每次都回答"我没有答案,我想不到"。虽然看不到对方的脸,我却强烈感受到她在日常生活工作中对自己的关注太少了,注意力几乎都投放在了孩子、家庭等向外的部分。我尝试问她是不是这样,她的回答是肯定的。

如果你和她一样,不知道自己到底可以做些什么,感觉生活就是重复的,没有什么可以让自己感到热情和兴奋,或许是你已经很久没有好好和自己在一起,很久不曾聆听自己内在的声音了。

每个人都可以通过各种测评去了解自己擅长和热爱的事,也可以请身边对自己很熟悉的人进行反馈,让别人告诉你答案。但是我更想告诉大家,其实最了解你的人是你自己。

你能多花一些时间和自己在一起，在做事、与人交往时多一些对自己的觉知的话，你便能知道自己喜欢什么、热爱什么、会为什么而心动。你未来的职业和生活方向，不在别人的嘴里，不在权威的判断里，而在你自己的内在。

那些你喜欢运用的技能、你乐此不疲投入的领域、莫名吸引你的事物，都透露着你的未来方向。

转念时刻：12个问题，发现你的天赋热爱

问题，就是答案。

接下来的12个问题，每一个都很简单，你需要做的是找一个安静的空间和不被打扰的时间，逐个用心回答。如果需要，在每看完一个问题后，你都可以轻轻闭上眼睛，等待答案自然浮现。我非常推荐你用便利贴来记录答案，便于整理和发现规律。要注意的是，写的时候不要做任何评判，比如：这个太不靠谱了吧，怎么这么多……你只需要不停地写，即使不同问题的答案是重复的也没关系，把它们都写下来，你会发现很多关于自己的秘密。

发现天赋热爱的12个有力问题分别是：

（1）哪些事你能非常轻松就做好？

（2）别人经常夸赞你的事有哪些？

（3）从小到大你的朋友最喜欢你什么？

（4）你最喜欢做哪些事？

（5）你乐此不疲参与哪些活动？

（6）一有时间你就会去做的事是什么？

（7）你最希望自己在什么领域成为高手？

（8）你从小到大倾注过热情的事有哪些？

（9）生活和工作中做哪些事会让你充满热情与活力？

（10）你极度渴望向他人传递的是什么？

（11）什么事即使不给你钱，你也愿意做？

（12）你做完一次还想马上做第二次的事是什么？

你可能会发现问题的答案有点多，也有不少类别。接下来，你可以跟随进一步的提问来梳理答案，进行分类，去发现它们之间的关系以及未来的可能性。

请看看你写下的所有天赋热爱，你有什么发现？

比如："分享"出现了很多次，都和工作无关。

假如所有这些天赋热爱都能在你身上得到充分发挥和整合，你觉得未来的自己会是什么样的？

比如：我会看到一个非常轻松、享受每一天的自己，每一天都非常愉悦，全身心投入在自己热爱的事情上，非常高效专注……

如果你的天赋热爱能融合在一起打个比方，你会把它们比作什么？

比如：我想把天赋比喻成一棵大树。

请把你写下的天赋热爱的贴纸放到天赋比喻的不同位置。

比如：有人把"乐观"放在了大树的根部，意味着乐观是自己身上非常独特和根本的品质。

看看不同位置的天赋是如何合作的，它们未来可以如何更好地支持你过上自己想要的生活？

下面是我的一位学员跟随这12个问题进行自我探索的示例（配图及说明——覃珊）。

图3-1展示的是准备工作：清理好桌面，确保干净宽敞，同时准备好充足的便利贴、水彩笔，以及一张A3大小的白纸。

图 3-1 准备工作

小雪 绘

当你清楚自己想要什么时，全世界都会为你让路
你乐此不疲投入的领域、莫名吸引你的事物
都透露着你的未来方向

图3-2展示的是：跟随12个问题自由书写你的答案。写的过程要注意——回答问题前可以让自己进入足够放松的状态，伸展身体、做深呼吸等方式都可以，当你足够放松，就更容易探索出自己丰盛的天赋才华。过程中，所有自然冒出来的答案都是好答案，都请写下来，一张便利贴写一个答案，答案的数量不限，写完后自由地张贴在桌面即可。过程中，请一定不要对答案进行评判，没有好坏对错。如果需要，可以用数字标出写下的答案回答的是第几个问题。

图3-2 跟随12个问题自由书写答案

图3-3和图3-4展示的是整理归类的过程。对写下的便利贴进行整理，同类的放在一起，看看取个什么名字比较合适。

转念的奇迹

图 3-3　对答案进行整理归类

图 3-4　对答案的最终分类

图3-5展示的是：觉察与创造隐喻。看看你写的答案有哪些类别？每一类分别指的是什么？各类别天赋之间是什么关系？当你充分地将这些天赋热情发挥到极致的时候，你是怎样的状态？如果用一幅图画来整合你的天赋才华，你会想到什么？将你想到的图画画下来。

图3-5 觉察与创造隐喻

接下来，我想邀请你带着上面梳理得到的启发，制订下一步的"改造计划"，让你的未来生活被你的天赋与热情填满。从很简单的改变开始，每次多投入一点，你会发现你越来越爱自己，越来越热爱生活的每一天，也越来越有可能成为这世上独一无二的你。

· **转念肯定句** ·

我的生命有一个更高的目标,这个目标是我带给世界的特别贡献。

当我发挥自己的最高才能时,我自然会对别人有所贡献。

我对理想生活的梦想,正指出了我的潜能和路途。

04 穿越生命至暗时刻，洞见生命的意义

转念故事：为什么受伤的总是我

一天傍晚，我和往常一样，和女儿在小区对面的社区公园散步。一位外地的好友非常迫切地联系我，想请我给她的妹妹做一些辅导。留言里她简单介绍了妹妹最近遇到的困难，作为姐姐，她很希望我可以通过对话的方式支持她妹妹度过人生中最黑暗的这段时光。

我很为妹妹的经历感到难过。她最近离婚了，孩子归前夫，同时因为不小心上当受骗，一下子背负了30万元的债务。我想，换作任何一个人，这些也都是致命的打击。

经过好友的安排，我和妹妹开始了自由沟通。我们很快约定了第一次的对话时间。

第二天晚上8点，我们如约拨通电话，开始了一段不知会去向哪里的对话。每一次的对话都是如此，

我只知道我要做的是什么，就是凭着那份纯然的信任、好奇和开放，带着陪伴的心和对方一起去探索对对方无比重要的生命议题。我需要的是通过对话陪伴妹妹从困难的经历中走出来，并且让她对未来充满信心。那么，她想要的是什么呢？

我们的谈话就从这里开始了。

我好奇地问她想要从对话中收获什么时，她沉默很久，然后像睡了一觉后刚刚醒来的小孩，柔和地和我说起她最近遇到的所有糟糕经历。

第一次的对话70分钟，大约有45分钟的时间，我就只是在电话这头安静地聆听。我听到妹妹对自己生命的不解："我一向待人友善，没做过什么坏事，为什么会遇到这么多事？我的先生用各种狠毒的语言讽刺挖苦我，我很痛苦。现在离婚了，我很想孩子和我一起生活，可是我和孩子的关系也出现了问题，孩子也离开了我。我还有30万元的债务需要偿还……我的生活变得一塌糊涂，我真的不知道该怎么办了……"

她微微颤抖的声音中充满着委屈、无奈，有时她的声音还会突然变大，那升高的音调中传递着她对命运不公的愤怒、怨恨和绝望。

人们一旦沉浸在悲伤痛苦的经历中，就会像深陷泥沼，难以自拔。妹妹就这样不停地向我吐露着压抑许久的心声。

从专业角度，我可以打断她，然而我并没有这么做，我只是陪着她，让她把积压在内心深处的话统统说出来。

有些时候，**负面情绪只有得到了充分的释放，人们才能准备好去面向全新的未来。**

妹妹经历的那些糟糕事件，伴随着她的强烈情绪，翻江倒海般一股脑被倾吐出来。然后，突然地，她静默了，好像在等待着什么。

"我听到了，我知道了，你经历了很多很多。那么，未来你想要怎样的生活呢？如果发生的一切都不复存在了，你内心深处全新的未来会是什么样的？"

此时的妹妹，好像被人从乌烟瘴气的房间拉到无限广阔的山顶，那些过去都被踩在脚下，只要抬头看看天，未来的美好蓝图就在空中，像一幅画卷一样在眼前展开。

妹妹看到的，并不是什么宏伟的生命蓝图，也不是什么激动人心的梦想，而是最幸福的小小日常——她希望生活可以恢复到从前的样子，每一天都可以发自内心地笑；在公园里自由地散步，去感受生命的鲜活和乐趣；白天，可以全身心投入工作；下班后，能和爱人分工合作，带着爱去陪伴和照顾孩子；节假日的时候能一家人去旅行，消除忙碌后的疲惫。

也许是生活中突如其来的重创带给妹妹巨大的打击，这些看起来稀松平常的小幸福此时对她是如此弥足珍贵。

当她去展望未来生活的时候，她突然和我分享了她脑中出现的一个充满力量、内心强大的红衣女侠形象——她站在山顶，身体挺直，张开双臂拥抱全世界，能量充足，感觉整个世界都在自己的脚下，没有任何人可以伤害自己。她还拥有一对红色的翅膀，像披风一样随风飞扬。

我被她的描述带到了山顶，跟随她一起去感受红衣女侠的有力与强大。我意识到，妹妹的内在已经悄悄地发生了转化。无论对于未来她看到的是什么，这场景中的每个元素、每个颜色对她来说都富有特定的意义，她的潜意识给了她丰富的答案和勇气。

第一次对话接近尾声的时候，妹妹兴奋地和我说，她迫不及待要把自己脑中看到的画面画下来、记下来。

第二天上午，我便收到了妹妹发来的图片——一只红色公鸡傲立山顶。

在那之后，我们每个月会在固定时间进行一次对话，一次次对话下来，我见证着妹妹一点点找回自己的力量和自信，见证她脚踏实地地行动和改变。半年后，妹妹欣喜地和我还有她姐姐分享她所收获的改变和成功。

我看到照片中她那喜悦的笑脸，了解到她提前还清债务，并获得了持续的财富增长，她和孩子的关系日渐和谐，她的事业不断拓展，还有那份她一直想要找回来的平静、喜悦、轻松。生活是简单的，却也无比充盈和幸福。

有一天，妹妹说："如果不是这些痛苦的经历，我可能还一直承受着前夫给我的语言暴力和压力，不会想到离婚，不会重新审视我的人际关系，也不会重新看待自己的价值，看重自己。"

此时的她，由内而外透露着平静和喜悦，那是历经风雨后的笃定与从容，是经过生命洗礼后的释然与自由。

在我们第一次对话后的第 20 个月，妹妹在新年第一天给我发来祝福，并且发来她自己在过去近 2 年"最黑暗时刻画出来的人生日历"。她留言说："过去的日历是真实记录，未来是兰雯老师带领我看到的人生，我可以清晰地看到自己 6 年后的样子。"她还找到了特别符合内在理想状态的照片和我分享。当我问及她的感受时，她喜悦的能量透过手机屏幕传递过来："人生就像写好的剧本一样，我只是去演，结果演得太投入了，伤心的时候伤心极了。特别不可思议的是，从我落难到人生回归正常，刚刚好是 20 个月，一天不多，一天不少。这 20 个月我最大的感触是——回归到正常的关键是转念，常常是一瞬间、一闪念的事情。20 个月，我收入百万，而最大的收获是内心的平静。"

转念奇迹：生命中的沟沟坎坎，只为把你带回正轨

很多人都渴望风平浪静的生活，期待人生是坦途，能一帆

风顺：健康快乐地长大，考入理想的学校，找到心仪的工作，与心爱的人相遇，构建幸福的家庭，为人父母……

然而，生命好似被喜欢恶作剧的导演编排好的一出大戏，总会在你不经意时为你出些难题。

我的闺密小艾，从内蒙古到北京求学，换过几次工作，后来遇到生命中的贵人，在对方的指点下，一步步投入自己无比热爱的事业，还遇到了对自己呵护有加的另一半，家中琐事都不需要她操心。然而就在这两年，小艾在孩子青春期内经历了莫大的挑战，曾经乖巧懂事、贴心温暖的小棉袄，突然开始拒绝和她沟通，这让她开始怀疑自己。她一方面大量阅读与青春期有关的书籍，想要更多地了解青春期孩子的特点；另一方面，她持续地向内探索，想要弄清楚是什么让自己的内心感到如此不适。逐渐地，她意识到，自己的内在同样住着一个始终没有长大的孩子，通过青春期女儿与自己的"对抗"，她看到了这个孩子。在陪伴青春期女儿成长的过程中，她不仅深深懂得了女儿，更获得了自己内心的突破和真正的独立。

另一位朋友小平，顺风顺水地长大，直到 40 岁时，她遇到一位掌控欲极其强的上级，还有不服管理的下属，于是在工作中四处碰壁，她开始怀疑自己为什么要在这家公司就职，不停思考这样的工作平台是不是自己想要的，职业中的这些挑战到底要如何突破。更重要的是，她开始探索自己想要的未来到底是什么样的，接下来的人生到底要往哪里走。最终，她选择离开这家公司，真正完成自己一直以来的心愿——创立一家公司，真正从无到有地创造自己想要的事业。即使自己创业依然挑战不断，她却感受到了从未有过的充实和自由。

这样的故事比比皆是。此时的你，是否正在经历意料之外的痛苦和前所未有的挑战？

遇到痛苦我们一定会感觉"苦涩、苦恼"，但是我们如何看待"痛苦"，决定了我们可以多快从痛苦中脱离。

佛经《杂阿含经》中讲述了一个故事：

一天，佛陀光着脚走路，一不小心踩到一块碎木片，碎木片扎进脚里，扎得很深，佛陀伤得很重，侍者阿难为佛陀清理了伤口，并进行了包扎。

但是伤口并没有随着时间的推移而好起来，反而更严重了，像是感染了一样，阿难就问佛陀："疼吗？"

佛陀说："疼是疼，但我还可以忍受。"除了走路不方便，佛陀的其他生活方面并没有受到影响。

但阿难非常担心：老师怎么这么倒霉啊，好端端的怎么会被扎到脚呢？万一他以后都走不了路了可怎么办？他越想越担忧。

佛陀看阿难忧心忡忡的样子，就来劝解他："我知道你为了我的脚伤非常着急，可你知道吗？世间的人在遭受痛苦时都会中两支箭,而像我这样觉悟的人,在世间遭受痛苦时,只中了一支箭,所以这对我来说不是特别大的痛苦。"

阿难不解:"两支箭是什么意思?"

佛陀就说:"我被木片扎中,这是第一支箭,当我去懊恼,或者想我为什么没有踩到一个好的地方,或者如果一直这样下去未来会怎么样,这就是给自己扎的第二支箭。

"我只中了第一支箭,没有去想其他的事,而是安安心心地治疗脚伤,没有心理上的那些痛苦,自然我所感受到的痛苦就没那么多,所以脚伤就是可以忍耐的,对我来说没什么。继续做我该做的事,过段时间它自己就好了,这件事也就结束了。"

这就是有趣的第二支箭公式:苦难=疼痛+抵抗。

疼痛无法避免,但是苦难可以减轻。我们无法改变疼痛本身,却可以改变自己对疼痛的看法和反应。

你的选择是什么?

如果痛苦已经发生了,你是要奔向下一程,还是如佛陀弟子那样继续沉浸在痛苦中去抗争呢?

如果你发现自己被不喜欢的人、事、物包围,请记得,所有你不喜欢的人、事、物都只是想提醒你去看看自己喜欢的到底是什么,然后转身回到你喜欢的事物上来。

如果你感觉自己不断被人排斥、遭人误解，请问问自己，是什么让你深陷不快却仍然选择待在原地？是时候让自己做出改变了。

如果你意识到你的生活、工作和学习都被别人安排，你无能为力，请花时间看一看，每一次你可以为自己的生命做出的选择是什么。**你的人生，永远可以有选择。**

若不是那些看起来丑陋不堪的生命经历，你怎会知道自己还有多少潜能等待被开发？你怎会发现自己到底是谁？你又怎会意识到什么对自己才是真正重要的？

日本设计师山本耀司说过："自己"这个东西是看不见的，**撞上一些别的什么，反弹回来，才会了解"自己"。所以，跟很强的东西、可怕的东西、水准很高的东西相碰撞，才知道"自己"是什么。**

生命中所有的沟沟坎坎，都只为把你带回正轨。你的生命轨迹是一条无人能替代你走的道路，唯有回到自己的正轨，踏入自己的生命河流，生命中的一切才会如流水一般，顺流而下。每个人都是自己人生电影的编剧，你的剧本如何撰写，你说了算。

转念时刻：4步洞见痛苦背后的礼物

看过上面的故事之后，我想你一定越来越能感受到所有痛苦的经历都是生命的馈赠,你应该把握好它,敞开内心来接收这份生命的礼物。可是你或许会困惑,痛苦来临之时,内在的感受实在不爽,自己要怎样做才能更快地放下和面对呢?

接下来的 4 个步骤(我把它们称为 4F 法),将带领你一点点看见痛苦背后的礼物,一旦你看到了、收到了礼物,同样的经历就不会再次发生,你也已经成长为更有力量的自己。

第一步:站在中立的视角看发生的事实(Fact)

起始的这一步骤非常关键。每当遇到麻烦或问题,我们非常容易自动进行好坏对错的评判,也会因为这份评判而错过很多重要的信息。我们应该像抽离在外的摄像机一样,客观地记录发生的事实。想象自己从所发生的事件中跳脱出来,就好像你能够在房间的天花板位置来观察房间里发生了什么。总之,客观、中立地去看、去听。

第二步:连接内在的情绪感受(Feeling)

接下来,与自己内在的情绪感受做连接。看看你有哪些感觉,是伤心、失望,还是焦虑、愤怒?每个人面对不同事情时情绪反应是不一样的,真实地感受自己,用 1~3 个词来描述自己的情绪。

第三步：聚焦情绪背后的需求（Focus）

情绪是我们内在需求的外化反应。 如果你的需求得到了满足，会产生积极正向的情绪，比如开心、满足、感恩、兴奋；如果你的需求没有被看见、没有得到满足，则会产生负面的情绪，比如失望、沮丧、担忧、抑郁。

因此，当你连接了自己的情绪感受，接下来就可以问问自己的内心：

我为什么会有这样的感受？

我的情绪感受在提醒我什么？

在我的情绪背后，什么是我需要被满足的？

当你静下来问自己这几个问题，你会听到自己内心的需求。一旦需求被听到，面对痛苦经历的负面情绪便开始化解。

第四步：转身看到自己的未来计划（Future Plan）

看到了自己内心的需求，接下来你就可以为自己的未来做出计划和改变了。你可以问问自己：

我真正想要的是什么？

我可以做点什么去实现我想要的结果？

我可以迈出的第一小步是什么？

4F法简单好记,不仅能支持你跨越生命的痛苦经历,更是你在日常遇到情绪困扰时采用的转换工具。

· 转念肯定句 ·

我是一切的源头!

宇宙从不会为我设置我无法穿越的挑战。

若不是有更好的要来,没有什么会离开。

05 再小的个体都有影响力

转念故事：那么多人都已经做了，我算什么呢

小丽是我见过的超级无敌能干的高效能人士。

她今年刚刚 28 岁，没有全职工作，和多家平台合作，做视觉设计、社群运营、活动策划，每天不同平台把不同的工作内容丢给她，她总能有条不紊、保质保量地准时完成。我经常能看到她获得平台的公开表扬。一个月的固定收入也有一万多元。

不仅如此，她还是一个特别喜欢学习的人。她爱读书，喜欢参加各种成长课程提升自我，也关注健康，每天按计划运动，同时还会将自己每天的成长形成文字记录分享给更多人。

每次看到她，我都忍不住竖起大拇指夸赞一番，真的太厉害啦！

有一次她约我喝咖啡，我们面对面坐着。她看上去很兴奋，穿着一件亮黄色的毛衣，耳垂上挂了两只扇形白贝壳耳钉，整个人清新亮丽。她端起咖啡，抿了一口："兰雯姐，我最近很想尝试做时间管理的培训，我觉得自己很有这方面的心得，这么多年都在学习和实践，我积累了一套自己的时间管理体系和方法，我感觉会对很多人有帮助……"

"好啊好啊！太好啦小丽！"没等小丽把话说完，我就忍不住叫好，"你做这方面的培训真的再适合不过啦，你做得那么好，我都觉得需要向你学习呢。"

小丽把头向前一伸，瞪着大眼睛问："真的吗？你真的觉得可以吗？"

"当然啦！"我肯定地回应她。

"可是现在有那么多人都在做这方面的培训，而且很多人都是大咖，我算什么呢？这也是我今天找姐姐的原因。我想做，可是真的不太有信心，我觉得自己没有说服力，而且太年轻，没有什么影响力，别人怎么会相信我呢？谁会来报名一个没有知名度的年轻人的课程呢？"小丽一股脑说出了她的顾虑和担忧。

转念奇迹：每个人对这个世界都有独特的贡献

小丽的顾虑我特别理解，因为我也曾有这样的感觉。

我原本是医学硕士，工作后跨行业转做培训师，虽然培训是我自己从小到大热爱的事，但是当我真的开始做时，却十分不自信。特别是当我开始为很多比自己年长的男性中高管做培训的时候。

我个子不高,即使穿高跟鞋也刚刚 1 米 6,当我站上讲台,看着台下专业、成熟、资历深厚的中高管们,我在想,我凭什么让他们信任我传递的内容?

我说话有点童音,在家里接电话,朋友经常把我当作我女儿,会跟我说:"请问你妈妈在吗?"

我自己做管理的时间不长,创业前大约做过 5 年管理岗位,台下的中高管哪个做管理工作的时间不比我长? 10 年经验的比比皆是,20 年经验也不足为奇,我又凭什么让大家认可我的专业呢?

这些担心、恐惧的声音曾经一直笼罩着我,让我每一次站在台上,都有一种想要马上逃离现场的冲动。

现在的我,早已不在意这些"劣势"和"短板",在课堂上,学员们会很快被我的轻松、亲切打动,很容易靠近我,他们觉得我是一个没有架子的老师;我的声音让他们感觉温暖,与平日工作里的快节奏、铿锵有力形成反差,因此我所说的反而会让他们听得进去;我把自己过去 15 年身心成长的经历融合在管理中,让大家不仅仅在管理中看管理,而且有机会站在更宏观、更高的纬度去洞察。

我翻转自己的"劣势"为"优势",成了独一无二的自己,形成了独一无二的培训风格。

我们想要去做一件不曾尝试过的事情时,非常容易把焦点放在自己的不足上,不仅如此,还会拿自己的短板和别人的长板去对比,越比较越沮丧,越比较越恐惧,于是就会裹足不前,最终选择放弃。

倘若转变视角,你会发现,你每一个"劣势",恰恰是你与别人的不同,甚至会成为你的优势和资源。

每一个人来到这个世界,都有自己的独特贡献。再小的个体,都可以有自己的影响力。

这个世界人对人的影响力是呈阶梯状的。

每一层阶梯都对应着一定影响力的人。

我们要做的不是拿自己的影响力去和顶端的人比较,而是看看在自己这层阶梯上,自己可以影响的人是谁。

找到我们可以影响的人,成为他们的榜样,这就是我们能为世界做出的贡献。

随着这个影响过程的持续发生,你的影响力会进一步提升,就这样,每一层阶梯上的人都找到了自己的位置,看到了自己的影响力。

这就是生命影响生命的真实过程,也是我们为世界创造越来越多积极与美好的过程。

转念时刻：5步定义你的影响圈

此刻你有没有一丝兴奋想要看看自己可以影响谁，以及用什么去影响他人呢？

下面就为你展示一个规划自己影响力的工具（见图5-1）。

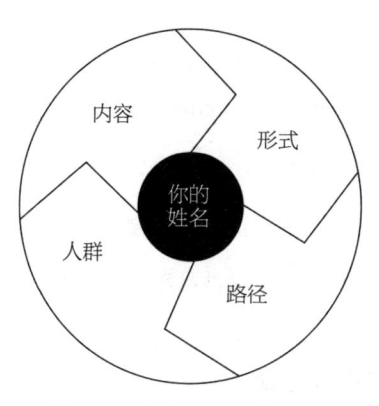

图 5-1　规划影响力的工具

第一步：聚焦影响内容

你最想向这个世界传递什么？

你和朋友、家人在一起，最容易滔滔不绝分享的是什么？

有哪些内容是你很喜欢并花时间研究过的？

把你想到的内容写在"内容"空白区。

第二步：探索影响方式

你喜欢通过怎样的方式传递这些内容呢？

什么方式是你喜欢又觉得很容易开始的？比如：写作、发微博、写朋友圈、直播、录制视频。

把你想到的内容写在"形式"空白区。

第三步：吸引影响人群

在你身边哪些人很喜欢和你在一起？

哪些人和你同频，相互吸引？

哪些人是最信任你的？

比如：学习社群的伙伴、读书会学友、妈妈社区等。把他们的名字或归属的群体写在"人群"空白区。

第四步：设计影响路径

如果为接下来的影响传播过程做一点规划，这个过程会是什么样的，大概会有哪几个步骤？写在"路径"空白区。

比如：在朋友中宣告→设计分享内容→小范围测试线下工作坊→收集反馈→升级内容→正式对外宣传。

第五步：写下你的影响力定位

依据梳理的过程和结果，为自己做个初步的定位，并写下你的名字。比如：时间管理实践与分享者。

最后，请记得，只要在路上就好。允许自己按照自己的节奏一步步往前走。当你在自己热爱的领域越做越好，你自然会成为别人的榜样，你也已经为这个世界做出了自己的贡献。

·转念肯定句·

我的存在就是价值。

无论我在哪里、做什么，我都可以影响到其他人。

我对世界最大的贡献，就是成为最好的自己。

Reconsider & Miracle

第二篇

你如何看待世界，
世界就如何回馈你

06 唤醒好奇心，让鲜活的生命扑面而来

转念故事：我厌倦了日复一日的平淡生活

清晨 6 点，鸟鸣的闹钟声将华容唤醒。她担心会吵醒老公，轻轻拿起手机，将闹钟关闭，然后慢慢起身，弯着腰，迈着轻柔缓慢的小步，悄悄走到窗边，将窗帘拨开一条小缝。外面的天色还黑着呢，只有小区的路灯露出黄色的光芒。

华容抬头看看天，又回头看看老公，情不自禁地叹了口气："又是如此平凡的一天啊！"

她从窗边的穿衣凳上拿起外衣，慢慢走出卧室。在客厅，华容换下粉色丝绸面料的长袖睡衣，整齐地叠放在沙发上，然后打开自动饮水机，接着走向冰箱，取出放在最上层的 3 颗鸡蛋、4 盒全脂牛奶，踏入厨房。

华容打开燃气炉，火苗嗖的一下着了，那一瞬间，她的一天似乎才被真正唤醒。她眨了眨眼睛，继

续熟练地煎蛋、加热牛奶……

6点30分，华容走进8岁儿子的卧室，轻轻坐在儿子的床边，眼前是昨晚儿子做作业留下的一些废纸、橡皮屑。"宝贝，起床啦，起床啦。到时间吃早饭啦。"华容一边轻声叫着，一边用右手轻抚着儿子的脑门，小家伙就这样醒来了。

华容放心地离开，径直走进自己的卧室，叫醒老公。

6点45分，一家三口便开始围坐在饭桌旁用餐了。老公、儿子都很开心，他们一边吃着鸡蛋，还不忘聊天，"老爸，今天你能按时下班回家吗？""儿子，这个周末咱们去爬山吧？"

华容就只是看着、听着，心里没有任何情绪起伏。7点20分，老公、儿子出发，开启属于他们的全新一天。

门关上的一刻，华容的心里空落落的。她站在门口发呆，"如此平凡的一天又开始了！"她在心里一遍遍地自动播放着这句话。

这样的感觉已经吞噬华容3个月了，"这样的生活有什么意思？日复一日、年复一年，这辈子难道就这样了吗？"华容找到我，无奈又迷茫，无助又愤怒。

转念奇迹：生命从来没有平凡的时刻

我们身边有很多像华容一样的人，比如我就曾经在很长一段时间内有着同样的感觉。

每天的生活不就是起床、做饭、吃饭、洗碗、上学、上班、下班、睡觉吗？

每天不就是和爱人、孩子、爸妈、同事在一起吗？

到底生活的乐趣是什么，活着是为了什么？

女儿6岁开始，我开始在家里做一些培训，我很喜欢做各种创意设计，即使是网络培训，也想为学员创造难忘的经历和有趣的体验。

当我把我的水彩笔、便利贴、卡纸摆在书桌上的时候，女儿就像看到了宝藏，跟小鸟一样叽叽喳喳又轻盈欢快地跑过来看。她一个一个拿起来问我："妈妈，这个是什么呀，这个怎么用呀？"然后再一个个放下。

当时的我因为忙着准备，回答得敷衍了事。可是等到晚上培训结束，躺在床上回想一天，女儿当时的状态给我留下了鲜活深刻的印象。她好奇的眼神、对一切未知的热情都打动着我。那短短的十几分钟，成为那一天我心里的闪光时刻。

在准备培训的过程中，我和女儿的不同在哪里？

生活中，成年人和孩子最大的区别是什么？

是好奇心，是对一切开放的探索精神。

我对自己培训所用的物品习以为常，女儿却感觉到样样新鲜；

成年人视一切为理所当然，孩子却永远对未知充满热情。

第二篇　你如何看待世界，世界就如何回馈你

我在石家庄为15对父母开设了一次"高质量陪伴"的亲子教育工作坊，其间，带领父母们做了一个简单的练习：

我邀请他们拿起一件自己很熟悉的物品。他们有的拿起了手机，有的举起了水杯，有的看着自己手里的笔，也有的双手捧着自己的笔记本。

我邀请他们仔细看看手里的物品，无论它是什么，静静地观察就好。我给他们留了3分钟时间，结束后，请3位父母来分享。

父母们纷纷举手。"我从来没有这么认真地看过我的水杯，买了一年了，我第一次发现这个水杯的底下有一个很可爱的小女孩的笑脸标记。""我把我的手机当作工具，今天仔细看了，突然有点感动，我就是每天通过它与这个世界相连的。"

还有一位妈妈的分享让我印象特别深刻："我刚才拿的是新年前我买的手账笔记本。那天是在一个文具店，我看到这个本子也没多想什么就买了，到今天已经用了1/3。很感谢老师给我这个机会，我刚才看的时候发现本子有很多用心的设计，比如它的内页有3种不同的格式，有横线，有空白，还有点阵，封底还有一句话——时间看得见。我摸着它感觉非常舒服，这个本子的质感很柔软……"

这只是一个小小的练习,父母们却发现了那么多。

这是怎么发生的呢?

是因为我设定了一个练习的场景,让父母们进入,他们的好奇心被唤醒了,于是物品对他们而言就鲜活起来了。

我有一位朋友小琪,多年前去泰国参加一个静心营。那是一个需要在全黑的环境中闭关静心10天的学习过程。结束的那一天,她从黑暗的房间中走出来那一刻,发现整个世界都无比鲜活、明亮。当她走过花园,她感觉每一朵花都在冲她微笑,每一棵小草都在对她跳舞,她感受到与所有植物的连接感。"那个感觉真的是太奇妙、太美好了!"小琪激动地和我分享。

花,还是那朵花;

草,还是那棵草;

人,依旧是那个人;

唯一发生变化的,是你的内心。

美国斯坦福大学体操教练丹·米尔曼在《深夜加油站遇见苏格拉底》里说:**从来不可能没有事情发生,从来没有平凡的时刻。**

转念时刻:唤醒好奇心的3个方法

我们每个人身边都有很多充满好奇心的人,他们有哪些特点呢？

对整个世界保持开放，不设限，不评判；

事情未发生之前，不做预设；

对于不了解的未知事物，总是充满探索精神；

他们敬畏大自然和每个生命的独特，谦卑好学；

状态流动轻盈，不固着；

他们的生活看起来总是很有趣，生活状态鲜活富有热情，整个人都很有吸引力。

爱因斯坦说过："我没有特别的才能，只有强烈的好奇心，永远保持好奇心的人是永远能进步的人。"

接下来的 3 个方法，可以重新唤回我们逝去已久的好奇心——

方法一：回归孩童状态

我们可以通过想象，将自己带回孩童时期。我们的思维可以在时空间任意穿梭，这是人类最独特并富有力量的能力。

具体做法是：闭上眼睛，让自己足够放松，需要的话还可以做几次深呼吸；然后，想象自己乘坐时空穿梭机，回到小时候，那时你是个对世界充满好奇的小孩子。想想看，那时的你是如何看待这个世界的？你和他人是如何互动的？你最常表达的是什么？你是怎么说话的？你经常问别人哪些问题？那时的你是什么感觉？

虽然已经过去了很多年，但是孩童时期的感觉、记忆始终留存在我们的潜意识中，当我们这样刻意调取的时候，它们就会回来。我们需要的是不断地忆起、重复、锚定。

每当你对生活和工作中的人、事、物产生厌倦情绪，就可以让自己回到孩童状态，去锚定那份好奇、开放、探索的状态。

方法二：清空头脑，放下预设

我们过往的评判大多来自头脑中的信念，长久的记忆在反复播放。这让我们对还没有发生的事情、没有见过的人，抱有非常多的评判标准。

一看到大胡子的男人，就觉得是坏人；一看到特别好看的女孩，就感觉人家是"花瓶"；一看到是女老板，就预感对方强势……一旦评判标准先入为主，我们便失去了对新事物敞开的那份容纳之心。

所以，我们需要在日常时时觉察自己的脑中浮现出了怎样的声音。

如果你发现那是一个受限的信念，是一个充满评判的声音，可以看着它，让它慢慢离开，而不需要与其对抗。比如，你留意到自己脑里的声音"我很讨厌说话声音很大的人"，你意识到这是自己的评判，于是对自己产生评判"我怎么能评判他人，我这样太不好了"。**与其如此评判自己，不如看着自己的评判，不被它绑架，不屈从于这个评判，你反而可以从中获得解脱，获得心灵的自由。因为越抗拒，越持续。**

评判越多的人，生命状态就越闭塞，他们的心门只对自己认可的人、事、物敞开，把不符合自己评判标准的人、事、物拒之门外，成长、改变的机会便随之减少。

美国作家乔·维泰利和伊贺列卡拉·修·蓝博士所著的《零极限》讲述了一种用于疗愈的夏威夷古老心法——4句话的清理法，对于破除人们旧有的限制性信念和评判以及负面情绪非常奏效。通过**"对不起，请原谅，谢谢你，我爱你"** 4句话的清理，我们能越来越容易让自己回归到"零"的状态，也就是空的状态。大家可以在心里时常诵读这4句话，久而久之，你会发现自己的心越来越平静，旧有的评判之声越来越少，那么要恭喜你，你的思维更开放了，心灵也更自由了。

一旦头脑中固有的想法越来越少，我们的内心对外界就会越来越敞开，好奇心便会油然而生。

方法三：学会提问

提问是唤起好奇心的绝好方法。在提问的过程中，我们开始变得谦卑，对事情变得"无知"，封闭的心在提问的过程里一点点被打开。

好奇的孩子最喜欢问问题：为什么月亮是弯的？为什么月亮会挂在天上？为什么我在水里看到的月亮捞不起来？他们的脑子里充满了问题，并且**对问题的答案没有预设或期待。好问题都是开放式的。**

我和大家分享 3 个非常简单好用的提问句式：

第一，什么 / 怎样 / 如何 / 怎么样？

举例：这是什么呢？怎样才能把这个柜子打开？今天过得怎么样？

第二，哪些？

举例：这个周末咱们有哪些活动可以安排？

第三，开始？

举例：如果要在这半年把论文写完，你打算怎么开始？

当你学会了提问，好奇的心就被打开了；同时，如果你足够好奇，你也自然会问出非常多有趣的好问题。

· 转念肯定句 ·

我的心里住着一个孩子。

我越能放下我的已知，就越能遇见全新的可能。

生命每一刻都是全新的开始！

07 再糟糕的经历，都会有它正面的意义

转念故事：不想让孩子受到伤害，我宁可不离婚

40岁那年我离婚了，离婚后我通过各种方式支持自己走出离婚带来的伤痛，渐渐地，我可以很从容地和身边人坦言自己离婚的事实，以及我是如何看待这段经历的。

每年生日我都会写一篇生日文，记录自己一年的成长和心路历程，在离婚的第二年生日，我平静写下了题为《41岁：若不是有更好的要来，没有什么会离开》的文章，在文中我和关注自己的伙伴分享了自己离婚的事情，以及自己从中获得的成长。没想到文章发出之后，我收到了很多朋友的私信。特别是一位多年前的老同事，她给我留言："亲爱的，我处在和老公分开的档口上，但一直不知道怎样才能让孩子不受伤。"

不知道有多少人在离婚时会有这样的担心:父母会受不了,孩子会受到伤害……也因为这份担心,即使婚姻中充满了挑战、困难、无奈,甚至暴力,他们依然在"坚持维系"。

这让我不禁回想起自己小时候的经历。

小学四年级的时候,我的爸爸妈妈离婚了。我记得一天晚上,我和姐姐偷偷趴在爸妈卧室的门口,带着期待的心情想听听爸妈有什么小秘密没有告诉我们姐妹,却在毫无准备的情况下听到妈妈说:"咱们离婚吧!"那年姐姐13岁,她猛地一把将门推开,大声说:"我不要你们离婚!"

那时候我10岁,站在姐姐的旁边,完全没有反应过来,像泥塑雕像般整个人蒙在那里,完全没有意识到这会对自己带来什么影响。但是我清楚记得在爸妈办完离婚手续之后的一天,姐姐面朝我,用手轻轻拍着我的肩膀说:"妹妹,以后咱们两个一定要好好学习,要为爸妈争气。"我默默点点头。在那个年代,离婚远不如现在普遍,谁家离婚了真的是很罕见的,在大多数人眼里,离婚是一件难以启齿的事,是会被人笑话的。姐姐比我成熟,她不希望我们被别人笑话,更不希望爸爸妈妈因为离婚,被别人指指点点。

在那以后,我和姐姐并没有因为爸妈离婚消沉或颓废,反而更加努力学习,中学成绩一直不错,也都考上了大学,是很多叔叔阿姨眼中的优秀孩子。而我也因为这件事,在逐渐长大的过程中默默在自己内心深处下了一个决定,那便是:"长大后,我一定要有一个幸福的婚姻,我一定不会离婚。"

然而,**生命就像没有彩排过的即兴演出。**

40岁那年的3月,我离婚了。离婚是我主动做出的选择,在经历了很多无奈之后,我做了这个决定。那段时间,我经常感觉生命是个玩笑,从小就坚定要拥有幸福婚姻的我,居然收获了"失败"的婚姻。

这突如其来的变化,给我们每个人都带来一些影响。每个人都需要从中复原。

我和前夫冷静并妥善地处理离婚后的各项事宜,特别是对孩子。

离婚的时候,女儿10岁。

于是在这个对孩子来说是重大意外分离发生的时刻,我们要做的便是把对孩子的伤害降到最低,让孩子深深相信并感受到爸爸妈妈的分开与她没有任何关系,虽然爸爸妈妈分开了,但是我们对她的爱一点都不会减少,她甚至会收获更多的爱……

离婚在当时是一件"坏事",让我们各自的父母伤心意外,让我们自己感受分离和失去的悲伤,也感受到经营婚姻的"挫败",带给每个牵涉其中的人不同程度的伤害,这的确是事实。

然而**任何一件事,都一定有其存在的正面意义。离婚,**也是如此。**我们要做的，便是通过自己的努力，降低离婚的负面影响，同时放大它的正面意义。**

为此，前夫在网上搜索大量的信息，了解在这种情况下如何和孩子沟通。他找到了专门针对离婚家庭的绘本，并写了信给孩子。我还记得，当我们准备就绪的那天，前夫搬了靠背椅坐在卧室床旁，我和女儿则在床边与他相对而坐。我们平和地告诉孩子爸爸妈妈即将分开的事实，接着前夫给女儿读他写的那封信，整个过程安静平和。女儿当时并没有表现得多么悲伤，她只是默默点点头，然后有些意外地看看我，又看看她爸爸……

之后的一段时间，我每天都会给孩子读那本绘本，在爸爸离开家的日子里，孩子逐渐开始感受到悲伤，刚得知消息时懵懂的她似乎才慢慢缓过劲儿来。每次当她想爸爸的时候，我便会抱着她，陪着她哭，那时我的眼泪每每也是难以抑制，特别是当我看到女儿给爸爸写的信、做的手工……我清楚地知道我也在慢慢适应这份失去和分离。我陪着她，允许她想念爸爸，允许她慢慢走过这个过程，也允许自己花时间慢慢复原……

到今天，我和前夫已经分开 4 年多时间，女儿的个子已经超过我，是一位八年级的少女了。大多时候女儿和我生活在一起，过节、周末会去看爸爸。我和前夫也有很多的沟通，我和他分享女儿的动态，一起交流需要如何支持孩子的成长，和他沟通女儿去看他时需要爸爸哪些方面的支持。我们的所有沟通重点都聚焦在对孩子成长的支持上。

孩子有了很多可喜的成长和变化。老师会给我们很多正面反馈——因为女儿大多时间和我在一起，教育理念少了很多冲突和不一致，孩子的内在更加稳定、越来越有力量，不需要左顾右盼了；孩子愿意用各种不同的方式表达自己；运动的力量发挥出来，孩子更有自信了；她养成了自律的学习习惯。更重要的是，老师观察到孩子在各种场合都没有因为爸妈离婚产生自卑或悲伤，大多时候都是非常积极乐观的。听到老师的反馈，我和前夫都感到欣慰和开心。

而我，也在离婚后的时光里，学会了和自己相处，享受一个人的时光；我从喜欢讨好别人，满足别人的期待，逐渐成长为敢于真实面对自己的内在，勇于真实表达自己的独立自主的女性。这段时间，我自己的成长无比巨大，很多生命中的功课也借由这段时间的学习有了突破，我感到前所未有的自由、喜悦和轻松。

所以，你看，即使是离婚，也蕴藏着对于我们生命而言巨大的礼物。对孩子是，对我们成人也是。

如果一件事发生了，是你意料之外的坏事，是你不想看到的结果，与其在糟糕的情绪和状态中懊悔、自责、愧疚、痛苦、愤怒，不如去看待这件事背后的深意。

任何一件事的发生，都一定有它正面的意义。

转念奇迹：每件事的发生都将帮你成为更完整的自己

请回忆并罗列一下在过往生命中发生过的你依然记得的所有"坏事"，看看有多少，并把它们记录在下面的横线上。

我生命中发生的所有不幸：

_____

_____

_____

_____

当你经历过这些事，走到今天，你是否能明白这些事究竟为何会发生在你的生命中，而不是其他人的生命中？它们发生的意义究竟是什么？

可能你会说，为什么会发生这些事，我的人生为什么如此悲惨，凭什么让我承受这些？是的，你可以抱怨，可以愤怒。然而，生命并不会因为抱怨、愤怒发生任何改变，除非你可以用完全不一样的视角看待它们，除非你能够从中学习属于自己的独特功课。

老天不会给我们一项我们无法克服的挑战。恰恰是那些让我们不舒服的经历，才让我们变得强大，才令我们真正感受到自己的力量。

每当你做一个决定，发现外界总有反对和质疑时，你渐渐会意识到，你需要开放倾听别人的建议和反馈，但最终需要依循自己的内在做决定，你的人生需要自己去完成，从中你会学会勇敢追随自己的内心。

你珍爱的朋友离开，你能够意识到原来被人关爱是如此幸福，有知心朋友相伴是如此快乐。由此，你将学会珍惜。

你的先生对孩子发脾气，孩子没有任何反应，你却在一旁非常不安和愤怒。你意识到是自己小时候被不公平对待的愤怒在此刻被勾起来了，不是孩子需要安慰，而是你的内心需要疗愈，你需要照顾好自己的情绪，分清楚问题属于自己还是属于孩子。由此，你将学会更爱自己。

…………

你要深深相信，生命中所有的经历，都对你有益处，等待你去发现、去探索。相同的事情发生在不同人的身上，会产生完全不一样的结果。这取决于人们是如何看待这件事的。

我们来看这样一个故事。三兄弟生长在同一个家庭，从小耳濡目染父亲对母亲的打骂。老大痛恨父亲的行为，却深感无力，他变得封闭，不与外界交流，长大后不敢涉足婚姻；老二感受到母亲的痛苦和无奈，下定决心不做和父亲一样的人，结婚后无比珍惜自己的妻子，对她温和友善；老三意识到父亲对母亲的影响、父亲对自己和哥哥们产生的负面影响，下定决心长大后要成为传播爱与幸福的人，于是，他成了一名家庭教育老师。

事情本身没有意义，是我们附加了意义在上面。你想为自己的经历附加上怎样的意义，选择权完全在你手里。

如果你可以转变看法，每一段最初让你痛苦不堪的经历，都会化身为一份美好的生命礼物。每一段经历，都在帮助你成为更完整的自己。

转念时刻：化负面为正面的 4 个步骤

现在，你可以通过以下 4 个步骤，将生命中的负面经历转化为正面的礼物。

请一定找一个安静、不被打扰的时间和空间，和自己在一起，跟随我一步步去体验、去完成。

第一步：找到一段你最无法释怀的负面经历

每个人无法释怀的负面经历可能不同。或许是失去了最爱的家人，或许是被裁员，或许是被最信任的朋友背叛，无论是什么，请你勇敢地直面这段经历。

第二步：重新进入这段经历中，去感受这段经历带给你的感受

你可以轻轻闭上眼睛，做几次缓慢的深呼吸，让自己放松下来。然后回忆这段经历的细节，那些让你印象深刻的部分一定会最先出现在你的脑海中。**重要的是去体验，而不是去抗拒。** 或许你需要一点勇气。如果过程中你有情绪产生，不论是悲伤、愤怒、委屈，都请允许它们存在。

第三步：连接你的身体，找到身体中反应最突出的部位

接下来，去和你的身体连接，感受你的身体哪里感觉最明显，是胸口还是肩膀，是喉咙还是后背。没有标准的位置，只是你自己身体真实反应强烈的部位。为了连接更深，你可以把一只手放在这个部位。

你还可以花多一点时间，闭着眼睛感受身体反应的细节。去看看这个感受在身体里是什么颜色，有多大，是什么形状的。你越能清晰地感受身体的反应，越能收获到身体想要传递给你的信息。

第四步：和身体开展对话，发掘正面的意义

请你去和身体的这个部位开展一次有趣的对话。

下面是你可以问身体的几个简单问题。你可能会感觉很奇

怪,没有关系,只管带着好奇开放的心,尝试简单地问问看——

> 亲爱的身体,请问我的这份感受想要告诉我什么?
> 如果这件事的发生对我有一个正面的意义,那会是什么?
> 在这个意义的背后,还有什么更重要的意义?
> 通过这件事,我需要学习的功课是什么?

每当你问出一个问题后,不用着急,只需要静静地等待,慢慢地你便会听到需要的答案。

通过上面的4个步骤,你会收获这段经历对你来说的正面意义。当正面意义出现,你会发现刚才浓烈的情绪感受逐渐变淡了,身体部位上的反应也自然地发生了一些变化。

你可以花一些时间,将你写下的那些生命中的负面经历,逐一用这个方法去实验,探索出它们的正面意义并记录在下面的横线上。

在我生命中发生的所有不幸经历的正面意义:

_____

_____

_____

_____

_____

最后请你看一看上面的记录，和前文你写下的自己的不幸经历对照一下，此刻你的感觉如何呢？

只要你愿意去探索、去发现，你便能接收到每件事要送给你的美好礼物。

生命就是恩典！一切都是最好的安排！

·转念肯定句·

我乐观地面对世界，并期待更好的未来。

每件事的发生都是为了让我更完善。

我深深相信，所有过去的境况以及经历，都是为了使我成为一个更美好、更完整的人。

08 脱离头脑的喋喋不休，便能获得心的自由

转念故事：人无远虑，必有近忧

大海，1米8的大高个儿，多年以来，身材始终保持良好。在IT行业打拼20多年，总能得到领导赏识，一路从技术人员做到架构师，如今是行业咨询顾问。

人缘极好的大海，可谓人见人爱。

长辈们和大海相处，定会夸赞他踏实、孝顺、善良、脾气好、有耐心。朋友们和大海聚会，都夸他帅气、靠谱、有责任心，每次聚会有大海在，其他人基本不用操什么心，享受聚会的吃喝玩乐就好，连孩子们都可以交托给大海来安排。

这么一个人见人爱、口碑极佳的英俊男士大海，一旦和老婆英子驱车出门，却一定会被英子指责和抱怨。为什么？

有一次，我搭大海夫妻的车去饭店聚餐。那天大

海开车，英子坐在副驾驶位置，我坐在后座右侧靠窗的位置。刚上车准备出发时，英子掏出手机，打开导航定位目的地，然后把手机夹在方向盘旁的车载手机支架上，"开始导航，距离目的地大约需要15分钟"，语音导航就这么开启了。

车刚开出去2分钟，大海用左手握住方向盘，同时用右手把手机从支架上取下来，开始在屏幕上捣鼓，接着我听到导航提示："您已更改路线，距离目的地大约需要17分钟。"

英子不解，扭头看向大海，我从后视镜里看到她的眉头紧蹙在一起，挤出个"川"字，两道眉毛撇成了小八字，接着她大声对大海说："你怎么回事啊，改路线干什么？"

大海看见英子生气了，想着打个幌子安慰下好了："啊呀！两条线路时间差不多。没事没事啊。"

听大海这么一说，英子更生气了："时间差不多，那你改什么？我明明听到比刚才的路线慢2分钟！"

大海用力地向左旋转方向盘，连忙解释："这条路我总走，我担心刚才的路线会堵车。"

英子听罢，不说话了，她把身子转回来，面朝前方，两个眼睛瞪得圆圆的，深深地叹了一口气，接着，双手摊开，不停地向外打圈："我就纳闷了，你这个人怎么总是这样？我明明设置好了，导航说不堵车，你非得改，还说会堵车，你哪来的证据？"

听到英子说话声越来越大，大海实在不好意思，马上安慰说:"好了好了,我改回来行了吧,别生气了啊。"

英子似乎对大海这样的反应非常困惑,她不停地说:"我就是搞不明白,你怎么总是会有这样那样的担心,怎么那么奇怪?"

说实话,不只是英子对大海的行为感到困惑,大海对自己为什么会这样也充满疑问。他也不知道自己为什么总会在一些事情还没有发生的时候就产生担忧。直到有一次大海和自己的情绪教练沟通,过程中大海突然发现自己的头脑里有一个非常根深蒂固的想法:人无远虑,必有近忧。

转念奇迹:不被念头绑架,看见即自由

"人无远虑,必有近忧",指的是一个人如果没有长远的考虑,就必定会有眼前的忧患。这是很多人从小就听过的一句名言,出自《论语·卫灵公》。

当大海发现自己很多行为就是被这句话深深影响的时候,他恍然大悟,终于知道自己为什么总是会在事情很顺利的时候就开始担忧,甚至在很多开心的场合会不自觉地收起笑容。因为似乎总有个声音提醒自己,不能太过安逸,不可以纯粹享乐。他意识到自己内心深处那种深深的不配得感,即认为自己不值得拥有美好事物的感觉。这种想法,让他一旦身处美好之中,便会担忧和不安。

Sheena 神话 绘

你如何看待世界，世界就如何回馈你
永远保持好奇心的人是永远能进步的人
不被念头绑架，看见即自由

从发现的那一刻开始，大海的转变就开始了。**看见是什么阻碍了自己，便拥有了内在的自由和掌控感**。不仅如此，大海还为自己替换了更有力量、更能支持自己的一句话——我可以享受当下的快乐。每当再次开始担心，他便会去留意是不是那句话又开始作祟了，同时在心里诵读新的句子。

时隔两个月，大海惊喜地发现，原来那句"人无远虑，必有近忧"不再会干扰到自己了，他越来越能够享受当下的快乐，这让他感受到无比轻松和平静。

大家可能会纳闷，"人无远虑，必有近忧"这句话很有智慧啊，我们从小不就是这么被教导的吗？这句话提示的是我们需要系统思考、考虑周全，有什么问题呢？

其实，影响我们的不是任何一句话，就好像影响大海的并不是"人无远虑，必有近忧"这句话本身，而是我们对这句话的看法。同样一件事发生在不同人身上，人们的反应大相径庭。下雨天，有人欢呼雀跃，有人却愁容满面；得到升迁，有人倍感激励，有人却深感压力。

念头也可以称为想法，念头不仅有能意识到的，也有意识不到的——潜意识念头。重要的是**我们如何与念头相处**。

我们能控制自己意识到的念头，却会反过来被那些意识不到的念头控制。我们内在那些深藏却不被自己觉察的信念和想法，决定着我们如何看待世界以及如何付诸行动，每个人的生命状态便会因此有所不同。

我们是对自己内在有什么念头毫无觉知，被念头牵着鼻子走，完全被念头绑架，却浑然不知；抑或可以像观看电影一般，看着念头升起又落下，能将自己与念头剥离，并从中发现更深的自我？

这取决于我们的选择。

我们无法阻止哀伤记忆、自责思想和评判想法被环境激发，但是，我们可以阻止后续事件的发生，可以阻止它们自行恶化并引发下一轮消极思想的出现，可以阻止一系列破坏性情绪使我们变得哀伤、忧虑、压抑、焦躁和疲惫。

值得庆祝的是，观照念头的能力是可以被培养和训练的，这便是近年来日渐为人们所推崇的正念。

正念是佛教的一种古老修行方式，它对我们现今的生活具有重要意义。这种意义与佛教本身无关，与是否成为佛教徒无关，它与我们的觉醒、我们能否与自身及世界和谐共处息息相关。

当代正念的广泛应用与传播，得益于乔·卡巴金博士，他是麻省理工学院毕业的分子生物学博士，正念减压疗法创始人，美国马萨诸塞大学荣誉退休医学教授。

什么是正念呢？

正念意味着以一种特殊的方式集中注意力：有意识地、不予评判地专注当下，如实留心事物从而产生的觉知。

乔·卡巴金在《正念：此刻是一枝花》中说过：**这种专注，能使我们对当下的现实更自觉、更清明、更接纳。它使我们清醒地认识到一个事实：我们的生命只在一个又一个当下中展开。**

正念教会我们当记忆和伤害性的想法出现时，如何识别它们；正念教会我们用一种新的方式来驾驭思想与世界的联系方式。正念可以为我们创造更加清明清晰的精神状态，以纯粹开放的意识看待事物。它是一个地点——一个制高点——站在这里，当思想和情感出现时，我们可以将它们尽收眼底，不会马上被激发而做出反应。我们的内在自我——先天快乐与安宁的一面——不再被各种问题导致的思想噪声淹没。

转念时刻：3个小练习，回归内在的安宁

接下来为大家推荐3个小练习，你可以从自己感觉最有兴趣的那个做起，你持续不断地练习，会越来越容易从自己自动化的情绪、念头运作中剥离开来，从而回归内在的安宁。

练习一：打开五感去体验

你有没有这样的体验：本想去厨房拿剪刀，可是走进去却忘记要干什么，就是想不起来。本想陪孩子读会儿书，孩子饶有兴致地和你分享自己看书过程中的有趣发现，可是在孩子分

享的过程中，你的思绪纷飞，根本没有听到孩子说了什么，当孩子问你："妈妈，你觉得怎么样？"你只能搪塞回复："挺好的。"

很多时候，我们之所以对一切都感觉索然无味，恰恰是因为我们封闭了自己的心，塞上了耳朵，闭上了眼睛，对于一切都处于无觉知的状态之中。

繁忙的工作、琐碎的生活，让我们日渐丧失了专注于当下的能力。我们的注意力要么停留在过去，要么跳到不可触及的未来，却鲜少能安住在眼下正在发生的事上。

这个练习的目的是让我们能够与当下所发生的一切产生真实的连接。

一旦我们将自己的感官系统打开，我们便能更容易地回到当下。你只需要有意识地将自己的视觉、听觉、触觉、味觉、嗅觉唤醒。

比如：我一直有个习惯，女儿晚上睡觉前给她做后背按摩，包括捏、按、挠、摸4个环节，那是女儿无比享受的睡前时光，不仅能促进她的睡眠，还能增进我们的感情。有段时间我的工作比较忙碌，需要思考的事情零碎又繁多，即使我已经开始给女儿按摩了，但我的注意力、我的状态已经完全脱离了那个当下。女儿虽小，可是她是感觉得到的，有一次她原本已经闭上了眼睛，突然又睁开，眨了眨，好奇地问我："妈妈，你今天按摩怎么稀里糊涂的?"当时我真是惭愧不已。从那次以后,我便开始刻意练习:我把左手放在女儿的后背时,感觉她的后背是柔软的;我听到女儿微微的呼吸声;我闻到她的头发上飘出的淡淡的栀子花洗发液香;我看到她长长的睫毛微微卷起,有时还伴随着轻微的颤抖……在这个过程中,我感觉到无比幸福和平静。

这样的五感体验可以带入日常生活的每一个场景,吃饭、喝茶、刷牙、洗脸、洗碗、走路、锻炼……你可以尝试让自己去感知一个无比熟悉的小东西,就像你从未见过它那样观察它,触摸它,聆听它,闻闻它,品尝它。在这个过程中,你可以充分去感知这个物品到底和你以往固有的认知有什么不同。一旦你开始将自己的感官体验带入当下的场景,你就真实地存在于那个当下了。如果我们的五感能够每时每刻充分去体验,每一个物品、每一个人、每一件事对我们而言就都像是崭新的一样,我们会获得完全不一样的纯粹又深入的体验。

练习二:抽离出来观看生活小电影

在生活和工作中会发生这样那样的事情,总有一些事会让你印象深刻,或许是意外之喜,也可能是突如其来的打击。除了任由这些事自然发生,你还可以做的一件极富意义的事,就是观察事情发生的过程。特别是那些你百思不得其解的经历和重复出现却无法摆脱的行为模式，都值得你花时间进行观察。

印度哲学家克里希那穆提说过：**不带评论的观察是人类智慧的最高形式。**

去观察，不加入自己的喜好判断，不带入对他人的对错评价，就好像你在眼前摆放了一个显示屏，上面正在播放一部电影，这部电影就是你自己的真实经历。这样中立客观地去仔细看、认真听的时候，你会看到什么，又会听到什么？当你将所有看到、听到的信息聚集在一起，又会发现什么？

这个小练习曾经帮助过我自己以及我的几十位学员，让我们从自己的自动化判断中抽身出来，看到全局，洞见智慧。大家一定要多多尝试。

练习三：10 指感恩练习

正念练习有很多不同的形式，在我看来，一个巨大的价值就是训练我们"有意注意"的能力，说白了就是管理并训练我们的注意力。**注意力在哪里，能量就流向哪里，成果就会发生在哪里。**

花一点时间回顾一下，过去的你，注意力都放在了哪里？每一天你在刻意练习什么？你在刻意练习抱怨、愤怒，还是刻意练习感恩、欣赏？

美国心理学家大卫·R. 霍金斯博士用了 38 年的时间研究人

第二篇　你如何看待世界，世界就如何回馈你

类在不同精神状态之下的振动频率，最终将人类的意识能级划分为20~1000（注：频率20=2000次/s，即每秒钟振动2000次，见图8-1）。每一个人的能量层级都是由这个人的信念、心念、

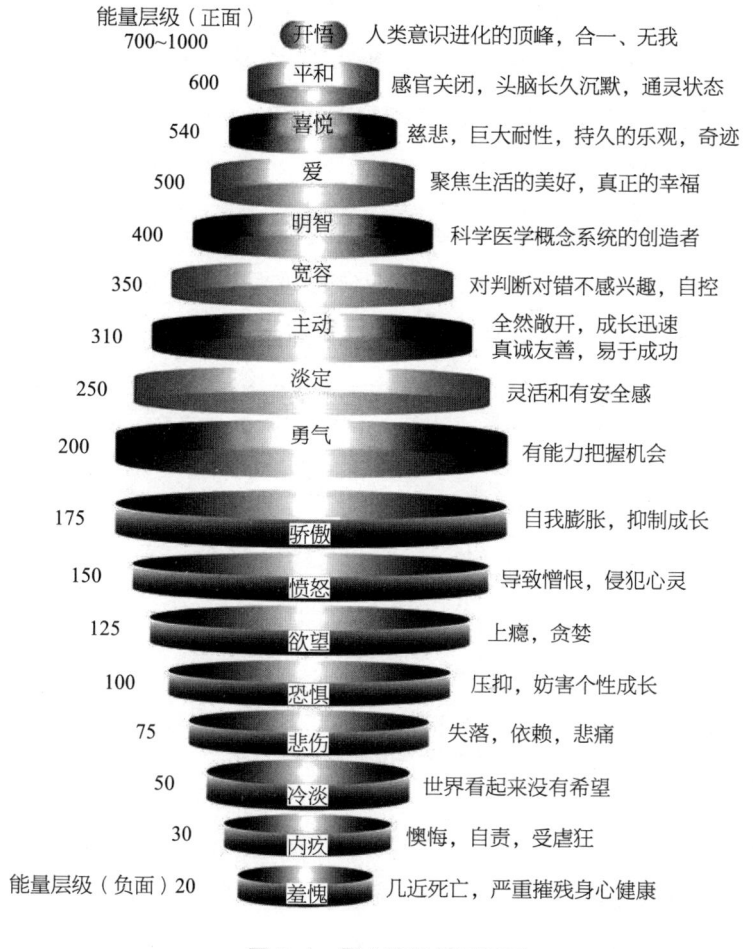

能量层级（正面）700~1000	开悟	人类意识进化的顶峰，合一、无我
600	平和	感官关闭，头脑长久沉默，通灵状态
540	喜悦	慈悲，巨大耐性，持久的乐观，奇迹
500	爱	聚焦生活的美好，真正的幸福
400	明智	科学医学概念系统的创造者
350	宽容	对判断对错不感兴趣，自控
310	主动	全然敞开，成长迅速 真诚友善，易于成功
250	淡定	灵活和有安全感
200	勇气	有能力把握机会
175	骄傲	自我膨胀，抑制成长
150	愤怒	导致憎恨，侵犯心灵
125	欲望	上瘾，贪婪
100	恐惧	压抑，妨害个性成长
75	悲伤	失落，依赖，悲痛
50	冷淡	世界看起来没有希望
30	内疚	懊悔，自责，受虐狂
能量层级（负面）20	羞愧	几近死亡，严重摧残身心健康

图8-1　霍金斯能量层级图

行为准则和思维境界决定的,而一个人的能量层级又决定了这个人生命中的一切,所以我们每一个人最终将会为自己的每一个念头、语言和行为负责。

其中,感恩属于爱的层级,指的是"聚焦生活的美好,会感受到真正的幸福"。一个人越能感受到生活中值得感恩的人、事、物,幸福感便会越强,美好的人、事、物也会越多地来到他的生命中。

鼓励大家在晚上入睡前进行 10 指感恩练习,即回忆这一天最值得你感恩的 10 件事,用你的 10 根手指头来记录(见图 8-2),你可以写下每根手指代表哪件感恩的事,也可以在躺下后伸出双手,想起一个,便收回一根手指。

图 8-2 10 指感恩练习

这 3 个小练习,简单易行,随着练习的频次增加,你会越来越感受到自己由内而外的变化,头脑清明安静,遇事从容淡定,也会拥有更加幸福和谐的人际关系。

·转念肯定句·

我不是我的念头,我不是我的想法。

念头好像天空中的云朵,来了也会走,而我是那永恒存在的天空。

我比我以为的自己要强大得多。

09 世间再多纷扰，
守住初心方能抵达理想彼岸

转念故事：对于生命中突如其来的变化，如何处变不惊地去应对

文青是我非常好的朋友，最近她的经历真的跟过山车似的，惊心动魄。

被取消的航班，没赶上的飞机

暑假她带老爸和女儿去昆明办理新房的收尾事宜。准备从昆明离开的当天一大早，他们还没起床便接到了订票平台客服的电话，手机在床边嗡嗡地振动着，睡眼惺忪的文青拿起手机接听，"抱歉地通知您，您乘坐的航班取消了"。

文青一下子从床上坐了起来，好像被浇了一盆冷水，立刻清醒了过来。她马上联系客服协调更换航班。无奈太多航班被取消，很多机票都从原来一千多元涨到七八千元，真是让人措手不及。在综合考虑价格合理、时间尽早的情况下，她快速决定乘坐下午从昆明出发，中转遵义再到北京的航班。

航班改签完毕，文青和老爸、女儿心里的石头总算落了地。他们把家收拾完毕，优哉游哉地打车出发去机场了。

没想到因为对当地路况不熟，考虑不周，预留时间不足，等她们到达机场柜台时，工作人员告诉文青，行李已经无法办理托运。

这让文青尴尬至极，要知道当天中转遵义的航班只此一班，即使能赶上飞机，行李却还是没有着落……无论如何，托运是不可能了，只能带行李上飞机。但是行李箱里还有一些超规的化妆品和其他物品，无法直接登机，需要通过快递寄回北京。看着老爸气喘吁吁地站在旁边，文青内心特别愧疚，后来经过各种尝试和努力，几经周折，总算搞定。

从出发到现在，文青和老爸、女儿各种奔波，筋疲力尽，终于到达登机口，却发现登机口没有人，连工作人员的影儿都看不到。文青反应过来："完蛋了，登机结束，飞机走了。"

当时的文青真的非常沮丧，看着73岁的老爸、12岁的女儿跟着她累得气喘吁吁，结果还是错过了航班，她心里充满了愧疚。

她着急地踱着步子，开始暗自嘀咕："唉，这事又能怪谁呢？还不是自己预估错了时间出门晚了？"稍过一会儿，文青开始转念琢磨起来——此刻我该怎么办？开学在即，今天一定要带女儿返回北京，否则就会耽误女儿开学。她拨打订票平台客服电话协调航班，同时申请航空公司的全额退款。让人绝望的是，没有任何一个航班能够满足他们的需要。

尽管希望渺茫，文青依然没有放弃，她再次打开了手机软件，奔着当天一定要返回北京的目标，查到了高铁加航班的选择。于是，她决定下午 4 点先到贵阳坐高铁，再转航班回北京，就这样莫名其妙又幸运地在这一次旅程当中快速打卡了从未去过的贵阳，并且顺利地回到了北京。

到达北京打车回家的路上，文青居然还收到了订票平台客服全额退款的好消息，文青开心得像个孩子，和老爸、女儿分享着这个好消息。落地北京的时候已经凌晨 2 点了，但是文青、老爸还有女儿早已忘了这一天曲折的遭遇，心里只剩下幸运和感恩了。

两件大事都很重要，时间却冲突了

回到北京，文青马上投入无比忙碌充实的工作中。万万没想到她喜爱的两项重要工作居然"撞车"，时间冲突了！

一项是今年文青最意外的惊喜——参与一部公益电影的拍摄工作。文青从小的演员梦居然能在今年实现，要知道她已经是 42 岁的人了。更让她惊喜的是，这部电影结合了文青自己的专业、使命以及兴趣,光想想她都觉得不可思议。另一项则是公司早已安排好的对外认证公开课程的培训。

看到摄制组发布的拍摄计划,文青非常纠结。她不知道如何和公司交代,如何在开课前的最后3天开口提出调整和改动。

文青找了一个安静的角落,闭起眼睛做了3次深呼吸,每一次吸气,都感觉更安定和清晰,每一次吐气,就像把担心、纠结都吐出去一样。然后她问自己:"我如何既能够保证课程的顺利交付,又能确保剧组的拍摄工作不受影响呢?"

文青决定马上和公司同事进行电话沟通。带着平静的心,文青认真地听取每个人的意见和想法,也真实地表达自己的担心和歉意。在沟通过程里,她感受到每个人都在朝着大家想要的理想结果去努力,她也如此。

带着大家的建议,还有自己心里的点子,文青耐心和剧组进行沟通,最终做出了兼顾两项工作的决定。她协调好了和搭档培训的时间安排,也如期参与了正常拍摄,两项工作都没耽误。

文青的故事就到这里了,你有什么感觉?这样的经历或许不会经常出现,但是假如出现在你的生命里,你会如何去应对?文青处理的过程,又带给你怎样的启发?

转念奇迹：守住初心，方得始终

我当时听完文青的分享，真的替她高兴，忍不住为她鼓起掌来，还好奇地问她："这么刺激的经历，你处理得这么到位，是怎么做到的？"

文青若有所思地点点头："你别说，我还真总结了一下。"

"哦？快说来听听！"

"我觉得面对这些突发事件，我之所以能处理好，结果还都不错，最重要的是——**我没有陷进问题里，而是不断地提醒自己'我想要的是什么'**。"

不断提醒自己"我想要的是什么"，就是我们永远不要忘记、始终要守住的初心。

面对突发状况，特别是糟糕的事情时，我们是选择抱怨指责，感觉不爽，嘀嘀咕咕产生内耗和负面情绪，被眼前的困难和问题阻碍，还是能转换思维，专注于自己想要什么，明确想实现的目标，牢记想要到达的目的地？

这是两种完全不同的思维方式，前者是"问题思维"，后者则是"成果思维"。

问题思维会更关注"哪里出错了？问题是什么？为什么会这样？什么原因导致的？"这会让人挫败、愤怒、恐惧、焦虑，没有动力积极面对。比如，遇到孩子不写作业，有的妈妈会这样和孩子沟通:"你怎么又不写作业?你怎么总是这样?你这是第几次不写作业了?"此时孩子会是什么状态、什么表情、什么反应?他的脑子里会怎么想呢?

"成果思维"关注的是"目的地在哪里?我为什么出发?怎样是更好的做法?问题出现了,我如何面对和解决?我可以做出的改变是什么?"这样的思维,让人轻松、平静,并且具有启发性和激励作用,让人忍不住想要去创造、行动。沿用上文的例子,同样遇到孩子不写作业,具有成果思维的妈妈是这样和孩子沟通的:"怎样才能让写作业这件事更轻松?你想要妈妈怎么支持你?这件事下次怎么避免呢?你希望妈妈怎么和你沟通?"此时孩子又会是什么感觉?他会如何看待妈妈、看待自己?接下来他可能会怎么做?

面对孩子不写作业的情况,父母的目的其实都是让孩子能自觉自愿地完成作业。这就是我们的初心,也是我们要牢记的沟通目的。

不论是"问题思维"还是"成果思维",其本质都是注意力管理。

注意力就是每一天我们习惯于盯着什么去看。比如,走在街心公园,是习惯于去看孩子的笑脸、绽放的花朵、萌芽的小草,还是会被正在吵架的两个人吸引?

注意力也是每一天我们在听什么。是喜欢听清新平静的钢琴曲，还是悲伤忧郁的失恋情歌？喜欢循环播放的是轻快自由的民谣，还是热烈躁动的电子乐？

注意力更是感受。是会更多地感受到幸福，还是愤怒？是不自觉地感觉悲伤，还是快乐？

其实，这都是我们的选择，也都是可以训练的。如果总是感觉生活没有希望，终日情绪低落，不妨看看自己的注意力都放在了哪里。**越关注什么，什么就越会被放大。**

怀孕的时候，一天晚饭后我和姐姐在小区散步，目之所及居然都是和我一样挺着肚子的准妈妈，我当时就非常惊讶，说："姐，怎么这么多孕妇啊？我怎么以前就没发现？"姐姐哈哈大笑回答："因为以前你没当妈妈，在你的注意力范围里根本就没有孕妇啊！"

我们想要什么样的人生，就要多去关注什么。

想要开心，就多和能给自己带来开心的人在一起，多做让自己开心的事，让生活中充满能带给自己开心的物品；想要健康，就多吃健康的食物，多靠近喜欢运动健身的朋友。

身处于世，我们的计划总是会被各种突发事件打乱，生活中也总是会出现令人手足无措的问题和糟糕的事情；当我们做了一个决定后，也常常会收到外界各种异样的声音，与自己的观点截然不同，使得自己游移不定、不知所措。无论我们遇到什么，都不要忘记最重要的事——**守住自己的初心，管理好自**

己的注意力。不忘自己想要的是什么，浸泡在与自己理想人生同频一致的人群中，努力去实现自己想要的结果。

转念时刻：3 类问题养成成果思维

我们每个人都会遇到各种各样的挑战和问题，遇到时，请记得一定要问问自己这 3 类问题——

第一类，聚焦成果。比如：无论我遇到的困难有多大，我始终想要的是什么？眼前的状况很有挑战性，什么是我想要达成的理想结果？

第二类，回归当下。比如：为了实现我想要的结果，此刻我能做的最好选择是什么？

第三类，立刻行动。比如：现在，我马上可以做点什么？

我想，当我们抱有成果思维时，我们就不会被困难迷惑，也不会被挑战卡住，而是能够温和而坚定地去处理眼前的困境，带着对生命的感悟一路坚定地迈向我们的目标。过山车般的经历可能并不会总是出现，但是成果思维却是一种我们可以刻意训练、努力养成并受益终身的思维方式。

· 转念肯定句 ·

所有的挑战，都是我发掘自己更大潜能

的机会。

变化是为了发展我的灵活性。

当我清楚地知道自己想要的是什么时，全世界都会为我让路。

10 成为"自燃者"，创造理想的工作

转念故事：热爱工作的人是什么样的

周五孩子们放学后，我们全家驱车来到密云古北水镇。这是一次突发奇想的周末游，我并没有特别查询攻略。在民宿办理完入住，我们大大小小 8 个人就奔着游客称赞有加的小镇夜景而去。

进入景区，身心一下子从繁忙嘈杂的都市切换到小桥流水人家，我和姐姐、姐夫打趣说："这地方适合自己来，也适合和另一半来，和闺密来，放松、独处、静思……"孩子们也欢喜地说："我就喜欢这样的生活，优哉游哉……"

沿小镇走走停停，傍水的客栈、美味的小食、闪烁的星光、悠然的手艺人，不知不觉已 9 点半。想想平日里，孩子们 8 点前就已入眠，这个不同寻常的周末，就破例一次吧。

游览了小镇夜景，心满意足，虽然游客众多，小

镇的美却让人内心安宁。我们决定坐小镇特色乌篷船返程,不料居然在码头等待了一个多小时。漫长的等待,多少让人心情急躁,终于上船,安坐下来,却没想到美好就此展开——

船夫热情极了,马上安慰我们说:"大家都坐好喽,我一定让你们觉得这一个多小时的等待没有白费,一定让你们度过一个美好的夜晚。"这热情和喜悦的声音,让人一下子忘掉烦躁,安下心来。他叮嘱我们穿好救生衣,然后说:"你们不着急吧?我就带你们好好享受一下这次旅程!"就此开启了我们愉快又难忘的乌篷船之旅!

船夫开心地介绍说这艘船是明星船,不少明星都坐过。不过吸引我们的并非明星,而是这位看起来与众不同的船夫。这一夜,**他就是那位摆渡人,载我们上岸回家,将生活中的疲惫焦急带走,更将内心的安宁幸福种下。**

他解答我们的任何疑问,小镇的历史、景观的建造,风趣又生动;

他为我们唱歌,船号、民歌,悠远绵长,引得岸上游客回头又鼓掌;

他为孩子献上闽南语儿歌当礼物,活泼动人,纯真自然;

他为我们演唱《莫斯科郊外的晚上》,还和我们分享俄罗斯游客听过后对其流利俄语的赞不绝口……

半个多小时的时光,时而欢愉,时而温暖。我带着由心而发的赞叹说:"师傅,我感觉您特别热爱和享受自己的工作!"师傅笑着回答:"是啊,自己开心最重要!"他的言语、他的歌唱,还有由内而外的热情深深感染着我们每个人。

我一路上常常回头看他,他的笑容、他的从容、他的热情,牢牢印在我的心里。这是一份依靠体力的工作,他做得如此享受。

上岸前,船夫笑着说:"好啦!今晚的游船之旅就到此结束啦!祝你们生活愉快!"我们不约而同地鼓起掌来,那掌声里饱含着我们的感谢、祝福,还有些许不舍……

回想这一路,我们与很多只乌篷船相遇,那些船只安静无声,唯有我们的小船,始终充满乐趣、温暖与幸福。

转念奇迹:工作中蕴藏无限机会让我们发挥潜能

你如何看待自己的工作?

你如何评价自己在工作中的表现?

你认为自己在工作中发挥了多少潜能?如果 10 分是完全发挥出来,1 分是一点都没发挥出来,1 分到 10 分,你能给自己打多少分?

你认为是哪些因素阻碍了自己潜能的发挥?

明白了"为什么而做",就解决了一切"怎么做"的问题。

一旦你明白了"为什么工作",自然会找到无限多的方法把工作做好。

稻盛和夫先生在《斗魂》中说:**"有没有值得终生投入的工作可做,是人生幸与不幸的关键,但首先要找到工作的意义。"**

我们与动物最大的不同便是对生命意义的追寻。一个人如果明白了自己生命的意义,并能为此投入努力,便会无比幸福。在生命意义中占据很大比重的便是工作的意义。如果一个人只把工作看作领导交办的事情、任务,找不到与自身的结合点,他在工作中就很难焕发热情和动力,也很难做出成绩,更无法获得满足感和幸福感。

我们每一天都忙于做事,可是为什么要做这些事?这些事对自己到底有什么意义?如果找不到意义,我们的内心便是空洞的、失落的,终日只是做做做,没有热情、没有动力,似乎也看不到未来,看不到希望。

我们需要经常问自己——

什么对我是重要的?

在我的工作中,我最看重什么?

如果我可以自己创造一份工作,我希望这份工作是怎样的?

如果我可以把自己的兴趣、热爱、特长都融入我的工作，我的工作会成为什么样？

通过回答这些问题，我们便会遇到自己看重的价值和意义。有趣的是，当我们内心清楚自己看重的价值和意义的时候，我们便能找到很多方式和路径去实现它们，会出现很多可能性。但是，当意义和价值不清晰的时候，我们便好像无头苍蝇，不知方向何在，四处乱撞……

一个特别喜欢"创造""创新"的会计，在不知道自己的这个喜好的时候，可能会抱怨工作无趣，甚至后悔自己怎么会做了会计工作；然而，他在意识到这一点的那一刻，其实也就获得了内在的自由。能够让自己发挥创造力的空间也可以由自己创造出来。创造性地开团队的沟通会，用创意满满的形式进行工作汇报，工作之余找到发挥创意的其他空间……这些都是可以的。

价值和意义，是我们的内在动力。

不是只有做热爱的事情，工作才会有意义；

相反，当我投入我所热爱的，有意义的工作便会产生。

是我创造了理想的工作。

一个热爱工作的人到底是什么样的？

• 热爱工作的人，非常明白自己在工作中想要的是什么，并且聚焦和专注；
- 热爱工作的人，会在工作中寻找乐趣，即使工作看起来重复又无聊；
- 热爱工作的人，会在工作中发展自己做事的方法，最大化地发挥自己的长处；
- 热爱工作的人，会被工作的过程激励，他们用内在的意义与价值驱动自己，而不只是依靠外在的结果和物质；
- 热爱工作的人，会与工作服务的对象建立深深的连接，在关系中滋养自己，也积极影响对方；
- 热爱工作的人，达成一个职业发展目标后，会坚定地向下一个目标迈进，并且每一次都全力以赴。

转念时刻：人生的结果 = 能力 × 热情 × 思维方式

人生的结果 = 能力 × 热情 × 思维方式。这是稻盛和夫先生总结的人生方程。你想要创造怎样的人生结果，就看能力、热情、思维方式这 3 个方面做得如何。

能力：关于"怎么做"，是做事的方法。

热情：关于"为什么做"，是做事的动力。

思维方式：关于"如何看待所做的事"，是一个人的心态、态度，是一个人准备用怎样的精神状态投入工作、度过一生。

当下的你对自己的人生结果满意吗？在能力、热情、思维方式中，你哪个方面最强，哪个方面最需要提升？

虽然3个要素缺一不可，但是思维方式可以说是决定性的。如果你认为工作是令人厌烦、没有乐趣的，那么你就不会有热情，更不会去学习如何把工作做得更好。正如稻盛和夫先生描绘的那样——世界上没有比心灵扭曲的天才发奋努力更为危险的事情。在错误的方向上努力，只会距离我们理想的人生越来越远。

当你用正确的态度看待自己的工作，你就可以去挖掘自己的动力是什么，这份工作到底能为你创造哪些价值和意义，你能从这份工作中收获什么。

一旦你调整了自己对工作的看法和心态，找到了工作的动力，你自然会找到方法把工作做好，呈现更高的水平。

即使有一天离开了现在的工作岗位，你也会因自己没有虚度时光而深感欣慰，会因为自己竭尽所能而不留遗憾。

你也会发现，你所走过的每一步，都在把你带到更好的地方去；你走过的每一段生命经历，都在支持你更好地在自己的生命轨道中前行。

> 张嘉佳在《摆渡人》一文中说——
> 世界那么大，让我遇见你。
> 我们都会上岸，阳光万里，路边鲜花开放。

转念的奇迹

无论我做过什么,遇到什么,

迷路了,悲伤了,困惑了,痛苦了,

其实一切问题都不必纠缠在答案上。

我们喜欢计算,又算不清楚,那就不要算了,

而有条路一定是对的,那就是努力变好,

好好工作,好好生活,好好做自己,

然后面对整片海洋的时候,

你就可以创造一个完全属于自己的世界。

·转念肯定句·

我的人生志业就藏在每天我所做的事情中。

我现在就可以充分发挥自己的天赋才华。

我可以创造我想要的工作。

第三篇

生命就是关系

11 快乐的人，不会制造不快乐

转念故事：哪有时间和精力关注自己呢

素言曾是一家餐饮企业的市场总监，在职场工作15年。她注重学习成长，为人谦虚友善，关注下属发展，深得领导喜爱，团队伙伴对她也赞赏有加，整个团队稳定性极强。8个人几乎都是5~10年的司龄，有2个伙伴曾经离职，不过没过半年又回来了，可见该企业和素言对大家的吸引力，以及团队成员的归属感有多强。

虽然热爱工作，可是素言心里一直有个遗憾，就是总也怀不上孩子。35岁那年，经过长期中医调理，素言终于当妈妈了。这对素言和全家人来说都是莫大的幸福。为了更好地照顾孩子和调养自己的身体，经过和家人商量，素言选择辞职，她决定亲自带孩子，虽然对公司和工作有不舍，但这是那个当下最好的选择了。

第三篇 生命就是关系

当全职妈妈，一点不比在职场打拼轻松。素言越来越能体会大家说的"全职妈妈是超人，是多任务管理的高手，是时间管理、精力管理的牛人"。她操心孩子每日的吃喝拉撒睡，陪伴孩子从牙牙学语到第一次叫妈妈，同时把家里整理打扫得整洁干净，也希望能把老公照顾得周到体贴，换着法儿地安排每日的早晚餐，还有周末的家庭活动。素言是职场上的精英人士，在家安排事务也干练高效。

转眼女儿1岁半了，回想过去一年多的时光，素言感觉比在企业工作忙碌辛苦太多了，却没有什么可见的成果。一天中午，女儿吃过饭午睡，素言终于可以安静下来休息一下。她迈着沉重的双腿，走到梳妆台前一屁股坐了下去，盯着镜子里的自己，觉得熟悉又陌生：那个精致干练的素言去哪里了？眼前的这个女人，大中午的都还没顾上洗脸，头发凌乱地散盘着。她在镜子里慢慢观察着自己，突然看到右侧耳朵旁的头发上居然还粘了一颗大饭粒。

素言内心莫名地悲伤起来，她取下饭粒，回头看看安宁熟睡的女儿的小脸，想着这个可爱的孩子给家庭、给自己带来了多少快乐和幸福，素言的脸上露出了淡淡的微笑。当她再次转回头来看着镜子里的自己时，眼泪却不由自主地一下子流了下来。

素言的内心有很多矛盾，她很爱孩子、很爱这个家，可是面对眼前做不完的家务、日复一日的重复生活，她突然有些茫然，不知道未来的路要怎样走。偶尔在无人打扰的间歇，她也会想：过几年女儿长大了，我又要做什么呢？等我回到职场，还能找到合适的工作吗？离开职场的这几年，我已不知道外面都发生了什么，又如何去适应呢？

这些疑问反复吞噬着素言的信心，很多个夜晚她总是会突然惊醒，坐起来后，一头的冷汗，时间长了，素言的睡眠质量日渐下降，脾气也变得波动易怒，常常会跟孩子发火，也会在老公在家的时候莫名地生气。从前甜蜜和谐的家庭氛围，似乎正在渐渐消逝。

有一次，素言找我交流，看到她疲惫的脸庞、说话时没精打采的神情，我好奇地问她："亲爱的，有什么想和我说的？"素言眨了眨眼，然后有气无力地看着我："我也不知道，只是觉得很累，感觉越来越不喜欢自己了，我也感觉老公越来越不喜欢回家了。"素言说到这，忍不住失声痛哭。

看着素言，回想起那个曾经闪闪发光、自信从容的她，我特别能理解积压在她内心的感受，那是一种极其复杂交错的情感，有对孩子老公的内疚，有对当下的无助无力，有对失去的悲伤遗憾，更有对未来的焦虑担忧。

等她情绪慢慢平复一些，我轻轻地挪动到离她稍近的位置："亲爱的，你好些了吗？""谢谢兰雯，我好多了，我已经很久没有这样哭了,我感觉心里堵得慌,平时没有地方可以倾诉,没想到见到你就失控了。"

"亲爱的素言,别想那么多,你太需要这样的释放了,我非常理解你的处境,我知道一个全职妈妈会面临什么,又在承担什么。需要的时候,你都可以来找我,每个人都需要被倾听,每个人的情绪都需要一个出口。"

素言听罢,深深叹了一口气,好像把找我之前的担心顾虑都吐出来了一样。然后,她迫切又好奇地问我:"兰雯,我该怎么办呢?这样的情况,作为全职妈妈,我接下来要怎么做呢?"

"素言,你听过这样一句话吗?**快乐的人,不会制造不快乐。你最需要做的,就是照顾好你自己。你最需要的是好好爱自己。**"

"爱自己?照顾好自己?怎么可能啊?我现在这个样子哪有时间爱自己、哪有精力照顾自己呢?家务、孩子、老公,我已经忙得不可开交了啊!"

转念奇迹:当你学会爱自己,全世界都会来爱你

快乐的人,不会制造不快乐。

你见过一个开心快乐的人去找别人的麻烦吗?

你听说过谁家天天吵架却总能看到家里人的笑脸吗?

爱满自溢。

心情好的时候,你看到孩子就想上去亲她一口。

遇到好事，老公下班，你就会主动上门迎接。

你会担心爱自己是自私的表现吗？

爱自己，不是自私，而是自我照顾，是把照顾自己的责任100%放在自己身上，而不是寄希望于其他人。

我们照顾好了自己，才有能量真正去照顾其他人。我们自己被很好地照顾了，再照顾别人时，我们的心境才会是不求回报、心甘情愿的，而不是委屈无奈、愧疚自责的。能量虽然看不见，但其实我们都能感觉得到。

热爱烹饪的人，每次做饭都是享受。我老爸是特级厨师，做了一辈子饭，虽然已经73岁了，每每家庭聚会，他依然神采奕奕地在厨房忙前忙后，搭配摆盘、蒸炸煮炒样样精通，做出的饭菜被大家一抢而空之时，就是他最满足开心的时刻。老爸做出的饭菜，吃起来总是特别可口，因为这饭菜里蕴含的是爱，是喜悦的能量。给大家做饭，老爸不图回报。最关键的是，即使没有聚会，老爸也会把自己照顾得好好的，午餐一荤一素，糙米饭一小碗，拍好照片发给我看，隔着屏幕我都能感觉到老爸的那份自在和开心。老爸还有非常好的习惯，每天坚持快走，五谷杂粮搭配吃。懂得养生的姐姐给老爸的建议，他都乖乖听话照做。虽然和我们不在一起生活，老爸也把自己照顾得周到细致，他深深爱自己，让我们无比安心。老爸真如他网名所言"老顽童"，像个孩子一样简单、快乐，对新鲜事物

Sheena 神话 绘

每个人都是独立的个体，都能把自己照顾好
我们聚在一起，也可以相互依赖，彼此滋养
这就是最好的关系

充满好奇,和这样的老爸相处,我们格外轻松、开心,没负担。在我们之间,没有亏欠,没有应该,没有必须,**每个人都是独立的个体,都能把自己照顾好,我们聚在一起,也可以相互依赖,彼此滋养。这就是最好的关系。**

在关系中,我们常常用"应该、必须、不得不"来对自己和对方讲话,"我必须把孩子照顾好,才能睡觉。""我不得不放弃我的工作。""我不应该给老公发脾气。"太多的、持续的"应该、必须、不得不"在我们的心里积累了大量的负面情绪,是内疚、自责、委屈、怨恨,是愤怒、焦虑、担忧、恐惧。这些负面情绪不仅会伤害我们的身体,也会在爆发时伤害我们与对方的关系。

真相是,在任何一段关系中,每个人只有做好了自己,找到自己恰当的站位,整个关系才会良好地运转起来。

因此,让我们从好好爱自己开始。当你开始爱自己,全世界都会来爱你。

转念时刻:爱自己的 4 个维度

到底怎样才叫爱自己呢?爱自己可以从 4 个维度入手。

关爱身体

太多人在说"我得开始锻炼了",却久久没有行动;很多人知道熬夜不好,却总是在深夜才开始真正的活动。我们深知身体对自己的重要性,却总是无限拖延和疏忽对身体的照顾。

身体是灵魂的庙宇,是最真实、极具智慧的载具。

你的不舒服、不开心,若稍加留意都会在身体上发现痕迹,不会等到病灶恶化才意识到问题的严重性。做决定时,到底是不是内心真实的想法,是不是身心合一的选择,你的身体也是最清楚的。你身体的每次放松、舒展,都在提示你此刻的处境是你的内心想要的。

吃健康的食物,定期进行轻断食,保持充足的睡眠,找到自己喜爱的、舒适的方式,有节奏地开展锻炼,这些都是对身体必需的照顾。

此外,接纳自己的容貌和身材。虽然它们或许不是最好看的、最靓丽的,却是独一无二的存在。一旦你开始接纳自己的身体,身体也会开启它的自我疗愈和康复。对抗、不接纳的能量,都会在身体里留下淤堵。

一旦让身体良好运转起来,你会发现身体能给予你的宝藏是无穷的。你会精力充沛,灵感涌现,思维敏捷,行动快速。

关爱情绪

爱自己的第二个维度便是关爱自己的情绪。情绪是我们对外界刺激的反应,或正面或负面,情绪的本质是在告诉你,你内在的需求是否得到了满足。

如果你的需求得到了满足,比如老公夸赞你做的饭好吃,你得到了"欣赏",就会非常开心和幸福;领导在会议上表扬你的项目报告做得专业,你得到了"认可",就会非常满足和自信。

相反的,假如你的需求没有被看见、被满足,你便会产生负面情绪。就好像你刚打扫干净的厨房,被儿子和同学造得乱七八糟,你瞬间感到"生气",是因为你的劳动成果没有得到珍惜和尊重;你花了两个小时准备丰盛的晚餐等待朋友们来聚会,结果他们临时不来了,你会感到"失望、沮丧、抱怨",因为你的用心、付出被枉费了。

情绪是一条自我观察和成长的绝佳路径。学习每天觉察自己的情绪,你会越来越懂得自己,看见自己脑中原本不可见的想法,看到这些想法的局限和偏执,从而有机会去突破和穿越。渐渐地,你会学会满足自己的需要,更会了解自己想要的到底是什么。

我给大家提供一个简单好用的情绪觉察记录模板。在每一天,尤其是在那些自己不开心、不舒服的时刻,填写下面的模板(见图 11–1),你会对自己有全新的发现,让生命每一天都向前!

```
【情绪觉察模板】

发生了什么?
_____
我的情绪是什么?
_____
这种情绪背后我是怎么想的?
_____
这种情绪背后我的需求是什么?
_____
接下来我可以做点什么?
_____
```

图 11-1　情绪觉察模板

释放创造力

每一次当我们自己去完成和创造了想要的结果时,我们的自我感觉就会非常好。生而为人,创造力可以说是我们最伟大的能力。

在工作、生活的每一天,你都可以释放自己的创造力,去解决面对的问题,去创造理想的人生。每当你想要实现一个目标,或想要解决遇到的困难时,都可以尝试用下面的问题来创造——

我想实现的理想结果是什么?

如果没有任何限制,我会怎么做?

这方面最有经验的人会怎么做?

有什么方法是我从未尝试过,今天可以试试看的?

为了取得理想结果,我可以做的一小步改变是什么?

通过每一次不一样的思考,通过每一步小小的行动,去"做到",去"实现",去"创造"!

活出自己

最高维度的爱自己就是活出自己。对你来说,活出自己意味着什么?什么代表活出你自己了呢?

活出自己意味着发挥天赋热情,意味着最大化绽放自己,象征着把自己慷慨地奉献给这个世界。

千万不要被这里活出自己的定义给吓到了,其实你只要每一天开心地做自己,投入地做自己热爱的事,用自己擅长的技能去服务他人,就是在活出自己。

下面这首由一位美国诗人所作,辗转改编而来的诗《当我真正开始爱自己》[①],表达了作者的生活和人生态度:爱护身体、活出自我、笑对人生、追求精神和心灵的愉悦。在这里引用来送给大家——

当我真正开始爱自己

[美国] 佚名

当我真正开始爱自己,

我才认识到,所有的痛苦和情感的折磨,

都只是提醒我:活着,不要违背自己的本心。

---

① 本诗选自人民文学出版社出版的《夏天最后一朵玫瑰》一书。

转念的奇迹

今天我明白了,这叫作"真实"。

当我真正开始爱自己,
我才懂得,把自己的愿望强加于人,
是多么无礼,就算我知道,时机并不成熟,
那人也还没有做好准备,
就算那个人就是我自己。
今天我明白了,这叫作"尊重"。

当我开始爱自己,
我不再渴求不同的人生,
我知道任何发生在我身边的事情,
都是对我成长的邀请。
如今,我称之为"成熟"。

当我开始真正爱自己,
我才明白,我其实一直都在正确的时间、正确的地方,
发生的一切都恰如其分。
由此我得以平静。
今天我明白了,这叫作"自信"。

当我真正开始爱自己,

第三篇 生命就是关系

我不再牺牲自己的自由时间，
不再去勾画什么宏伟的明天。
今天我只做有趣和快乐的事，
做自己热爱、让心欢喜的事，
用我的方式、我的韵律。
今天我明白了，这叫作"单纯"。

当我开始真正爱自己，
我开始远离一切不健康的东西。
不论是饮食和人物，还是事情和环境，
我远离一切让我远离本真的东西。
从前我把这叫作"追求健康的自私自利"，
但今天我明白了，这是"自爱"。

当我开始真正爱自己，
我不再总想着要永远正确，不犯错误。
我今天明白了，这叫作"谦逊"。

当我开始真正爱自己，
我不再继续沉溺于过去，
也不再为明天而忧虑，
现在我只活在一切正在发生的当下，

转念的奇迹

今天，我活在此时此地，

如此日复一日。这就叫"完美"。

当我开始真正爱自己，

我明白，我的思虑让我变得贫乏和病态，

但当我唤起了心灵的力量，

理智就变成了一个重要的伙伴，

这种组合我称之为"心的智慧"。

我们无须再害怕自己和他人的分歧、矛盾和问题，

因为即使星星有时也会碰在一起，

形成新的世界，

今天我明白，

这就是"生命"。

· 转念肯定句 ·

我无条件地接纳自己，我无条件地爱自己。

我好了，我的世界自然一片安好。

我对世界最大的贡献，就是成为最好的自己。

12 不要害怕别人不高兴，你需要拿回自己的力量

转念故事：如果我辞职，领导会说我忘恩负义

慧慧是一名私立学校的老师，因为一次偶然的视频直播看到我，便非常着急地联系我，想预约我和她沟通。原本日程排满的我，在对方如此急迫与强烈的需求下，挤出 1 小时的时间与她开始了远程对话。

慧慧在这家私立学校工作已经有不少年头了，因为个人能力突出，在学校里备受器重。刚到学校工作的时候，她只有二十出头，如今她已经是一个 2 岁女孩的母亲了。

人在不同阶段面临的挑战和问题是动态变化的，从前加班、熬夜对慧慧来说完全没有问题，因为一个人的生活怎样都可以。现在，有了家庭，还有一个 2 岁的宝贝，慧慧的内心和过去的想法、感受都产生了很多不同。每当她加班回家，看到孩子已经入睡了，

内心的纠结、自责、歉疚便深深地吞噬着她。在慧慧的心里，她知道现在的工作已经不再适合当下的自己，想要做出改变却似乎被什么卡住了。

慧慧和我分享她的处境，我用心聆听她的表达，深深感受到她内在的矛盾、纠结，以及对未来的迷茫和困惑。她的表达有时会有些急促，有时又会颤抖，我知道她内心无助、担心和愧疚……

不过我更想知道，慧慧到底想要什么？

于是，我放慢语速，用柔和的声音询问她："慧慧，那么，你为什么这么着急找我沟通？你想要的结果到底是什么呢？"

"我想要有自己的空间，想要有时间做自己喜欢的事，想要更好地平衡我的家庭和工作，我的孩子、老公都非常需要我的照顾。我现在工作太忙，完全顾及不了他们。孩子才2岁，我做教育这么多年，特别清楚妈妈的陪伴对孩子有多重要，所以我想辞职离开。"

我继续陪伴慧慧探索："慧慧，感觉你比较清楚自己想要什么，那么今天你想通过对话收获什么呢？"

"我挺清楚自己想要什么的，但是我内心有很多恐惧。一方面，我怎么和现在的领导沟通？另外，我想要转行，在准备一个考试，如果考不过怎么办？这对我来说是最后一次考试机会了……"

是啊，**每当我们想要什么，似乎总会有一些困难与挑战随之而来。**

我感受到了慧慧内心的矛盾，她好像是一个被前后拉扯的小人儿，前面是理想的未来，后面则是自己内心的恐惧和担心。

我进一步陪伴慧慧去梳理，希望她能越来越聚焦于自己真正想要的东西。于是我继续问她："那么慧慧，围绕今天的1个小时里你说的这些，你真正想要的是什么呢？"

"我希望拥有强大的内心，能够打破过去的限制性信念，对自己接下来要发生的改变充满信心，能认识到自己内在的力量和可能性。"

说着说着，慧慧的声音有些颤抖，我好奇地问她怎么了。

她告诉我在说这些话的时候她感觉自己非常紧张，心跳加速，她也意识到自己内心非常挣扎，因为觉得对不起自己的领导，在道德层面上有很多不安。

在这个时候，她甚至在脑中看到了这样的画面——有一个高大的自己站在一边，伸着手指指责现在的自己："领导给你很多的机会，你居然要辞职，是不是太对不起人家了？以后在学校的一些大场合，领导一定会当着大家的面批评你……"就这样，她看到自己越来越弱小，紧紧地蜷缩在一个黑暗的角落里。

感受到慧慧内在的挣扎，我邀请她深深地感受自己，连接自己的内在，想想她到底要突破的是什么？

慧慧一下子明白了，她说："**我要学会真实勇敢地面对自己，并且学会如何去面对别人。**"

有趣的是，在深入探索的过程中，每个人常常会从潜意识的记忆库中回忆起一些事件，就好像此时的慧慧，她突然回想起自己过去曾经有过类似的经历。那是在 4 年前，她也面对同样的情况。看起来同样的挑战又一次出现了。那么对于慧慧而言，反复出现的情况背后真正的礼物是什么？慧慧通过这反复出现的事件可以学习和突破的是什么？

就在回忆起这件事的同时，有趣的事发生了，慧慧的脑子里一下子浮现出自己 13 岁的样子，我好奇地问她："这个时候 13 岁的慧慧为什么会突然出现呢？"

"因为那个时候的我，是非常安静、努力的状态。那时的我内心是安静的，知道自己要什么，于是非常自律。"

"那么当你看到 13 岁的自己，她对今天的你有怎样的启示呢？"

"找到内心的力量，安静地做自己，一点点走出自己的困境，我可以有其他的选择和可能性。所有的限制都是自己的内在设定的，13 岁的我是充满智慧的、富有创造力的、对这个世界开放的。"

慧慧和 13 岁的自己产生了很多连接，于是我带着她去看："如果此时你能再一次拥有 13 岁时内心的力量，拥有那份安静、智慧、创造力、开放性，会发生什么？"

有趣又神奇的变化产生了，慧慧看到一个清零状态的自己，她看到自己开始安静地、勤奋地复习考试，笃定地追求自己想要的生活，持续学习和充电，看到有更多的门向自己打开。同时，她还看到了孩子和先生："如果真的能这样，我看到我在公园里陪伴我的孩子，那是一个冬天的场景，我在雪地里陪孩子玩耍，堆雪人，还带她荡秋千，我还看到我的老公，我们一起打雪仗，他非常满足，而我也没有心理负担，非常放松和舒服，我的状态特别明媚和投入。"

我在电话这头能明显感觉到慧慧在分享这个场景的时候，完全没有之前的紧张、担心和纠结，而是非常沉静、放松。当她提到"明媚"这个词的时候，我能深深感受到她对自己的喜欢和爱。于是我进一步邀请她分享"明媚的慧慧是怎样的"，她开心地和我分享她脑中看到的一切："那样的我，工作生活在自己的掌控之中，内心是强大的，和先生有独立的空间，每天可以按照自己的计划运动、阅读、备课，下班后还能安心地陪伴孩子，周末也有很多时间可以放松。"

"那在这个画面里的慧慧有怎样的感觉呢？"

"我感觉非常安心，非常幸福，感觉一切都是值得的。"

我邀请慧慧沉浸在这个画面中一会儿，充分去体验这个画面带给她的感觉和能量，尽可能看到画面的每一个细节，她的表情、动作，老公的动作和表情，以及孩子的状态，并且邀请她将整个画面储存在自己的内心深处。

接着，她脱口而出一段我觉得无比美好的文字——活着到底为了什么？**活在当下，感受并享受生活的美好，不断地探索未知。**

就这样，经过对话和探索，慧慧拿回了自己内在的力量，她突破了巨大限制——"太在意别人的评价"导致优柔寡断，忘记了什么对自己最重要。她制订了计划，安排时间和自己的领导进行一次深度的沟通，真实地表达自己的需求以及接下来的规划。

转念奇迹：人生最大的幸福莫过于按自己的意愿过一生

对于慧慧的经历，你有哪些共鸣呢？

在我与她对话的时候，我清楚地看到了自己曾经的经历，也看到了身边很多人的影子——我们**害怕别人的评价，害怕别人对自己不满意，担心别人反对自己的选择或决定，担心他们不高兴或者不认同。**

尤其是在生命中一些特别的时刻、关键的阶段，我们一旦意识到自己想要什么，便会发现不仅自己需要做出很大的改变去获得自己想要的人生，同时可能更具挑战性的，还有相伴而来的身边重要人士的不赞同。

于是我们开始担心、彷徨，开始怀疑自己："我真的可以拥有我想要的改变吗？我的爸爸妈妈、我的爱人不同意，我的领导会反对，我还能坚持做自己想要做的事吗？"

我们头脑中会出现很多不同的声音，它们交织在一起，让我们心力交瘁。有一些声音会让我们心安，让我们感受到它们与自己的合一和连接；还有一些声音会让我们纠结彷徨，不知所措，不断让我们产生内耗，开始评判自己，也不断产生与他人的分离感，这些声音让我们感到恐惧、担心和不安。

那么，你要听从的是哪个声音呢？下面是一些脑与心的对话，大家可以体会一下：

脑说：我为什么想了那么多？

心说：因为你一直在判断。

脑说：我为什么要判断？

心说：因为你一直在执着。

脑说：我为什么要执着？

心说：因为你一直要证明。

脑说：我为什么要证明？

心说：因为你一直想要正确。

脑说：我为什么要正确？

心说：因为你害怕失去。

脑说：我为什么害怕失去？

心说：因为你害怕孤独。

脑说：我为什么害怕孤独？

心说：因为你害怕没有爱。

脑说：我为什么害怕没有爱？

心说：因为没有爱，你存在就没有意义。

脑说：那我如何才能有爱呢？

心说：请你不要问那么多为什么，只要和我站在一起就可以了。

脑说：我要如何与你站在一起？

心说：放下你的判断、执着、证明、正确、害怕失去、害怕孤独，然后你就能和我在一起了。

脑说：可我控制不了自己呀！

心说：这就是你的执着了。你要相信可以，它就可以。

脑说：我如何做到相信你？

心说：你要先做到相信自己。

脑说：我如何做到相信自己？

心说：接纳一切你所不认同的，存在就是合理。

脑说：可我有时还是无法接纳呀。

心说：没有关系，有我在。我会帮助你！

脑说：谢谢你这么多年陪我。

心说：我告诉自己只要我尽力地去面对—接受—放下—转身—活在当下，就会做得很好。本来无一物，何处惹尘埃……你会看到你自己的。

美国作家尼尔·唐纳德·沃尔什所著的个人成长书籍《与神对话》中有这样一段文字：**这一生，我们只有跟随内心而活，才能真正踏上属于自己的那条独一无二的生命道途。你的心知道所有问题的答案。**

每当你聆听心的声音，你会感觉到平静、喜悦；而一旦你聆听了头脑的喋喋不休，你会感觉到焦虑、不安、烦躁、纠结与恐惧。

然而有趣的是，很多时候我们都被头脑中的声音绑架了，我们把它们当作事实。就好像慧慧一样。在我和她沟通的时候，她还根本没有开始和领导沟通，可是头脑中却已"编造"出了逼真的场景和画面——领导在很大的场合评价她，领导说她忘恩负义……这些都只是慧慧头脑里假设的想法，根本不是事实。然而，很多时候我们却毫无知觉地被这些想法带走，把它们当成了现实。

试想一下，如果慧慧没有这样一次深度的自我对话和探索，或许她很可能会因为害怕领导对自己的负面评价，继续在不再适合自己的工作环境中忍耐，从而失去创造自己真正理想生活的机会。

我的另一位学员已经50岁了，他分享说："我们从小听妈妈的话，长大了听老师的话，现在我已经50岁，我的妈妈已经去世了，在面对重大选择的时候，我要听谁的话呢？"他刚说完，我的眼泪便夺眶而出。

每个人的生命只有这一次，你真正想要的是什么？你是否敢于为自己真正想要的生活去拼搏？你是否能够为了过上自己想要的生活而不在意别人对你的看法？如果别人不认可你的做法，你是否还能坚定地走下去？

在很多类似选择纠结的时刻，纠结痛苦的根源是我们太过在意别人的评价。日本哲学家岸见一郎和作家古贺史健所著的《被讨厌的勇气："自我启发之父"阿德勒的哲学课》一书中说：**"你正因为不想被他人认为自己不好，所以才在意他人的视线。这不是对他人的关心，而是对自己的执着。"**

那么，我们如何让自己的内在更有力量，如何放下对他人评价的过度关注，如何真正感受到自己的好？可以试试下面3个步骤。

转念时刻：123，拿回属于自己的力量

按下 1 个暂停键

在日常的工作生活中，每当你感觉到自己内在纠结拉扯的时候，无论是小事，比如"晚上到底是回家给家人做饭还是和闺密聚会"，还是重要选择，比如"我到底是听父母的继续在单位稳定工作还是开始投入时间去做自己内心很想做的事情"，非常简单也极其重要的第一步就是给自己按下暂停键。暂停自己内在的喋喋不休，暂停无休无止的对比和分析。

很多人说："啊呀，哪里停得下来呢？脑子就是转个不停啊！"是的，的确如此，我也有过太多这样的经历。因为这个过程真的让我们无比消耗，却不得其解，所以我们最需要的便是从这样的"困境"中抽身出来。我们可以选择很多方式为自己按下暂停键，比如正念冥想、运动、喝茶读书、走进大自然散步等，都是非常不错的选择。重要的是让自己的头脑得以放空，空生妙有，一旦我们可以停下来，进入空的状态，我们便会生出对自我很深的觉察力和洞见。

问出 2 个好问题

当我们的头脑冷静了，我们便开始向更大的资源库敞开自己，那就是我们的生命经历、我们潜意识中存储的记忆，以及

我们对未来真正的渴望。这个时候，我们就可以通过问自己强有力的问题来让自己内在的智慧升起。

好问题1：无论我的选择是什么，我最想要的理想未来是什么样的？

好问题2：对我来说，什么是最重要的？

当你回答这2个问题的时候，你的注意力完全放在自己的身上，并且连接的是内心深处的渴望，抛开了对他人评价的关注，脱离了眼下的困境。唯有如此，你才能真正听到自己内心的声音。

吃下3颗定心丸

回答了上面的问题后，如何让内心真实的需要在实际生活中落实呢？你需要给自己吃3颗定心丸。

第一颗定心丸：符合我最佳利益的选择也一定能让其他人获益。

千万不要以为，牺牲了自己就是对别人的贡献。你过得好，别人才过得安心。每一次你所做的选择越符合你的最佳利益，也自然会让你身边的每个人受益。

第二颗定心丸：我一定可以找到合适的方式和别人进行良好的沟通。

有很多人认为，如果我的选择和别人不一样，那么沟通就很麻烦，要么忍气吞声，要么不欢而散。其实，我们还可以有第三种选择，那就是带着自己的沟通初心，心平气和地说话，不带评判地表达。如果你的决定足够重要，你一定可以找到恰到好处的方式和重要的人沟通，一次不行就多来几次，事情总会向好的方向不断发展。

第三颗定心丸：为了实现我的理想未来，我可以从最简单的地方开始。

再大的梦想也要从第一步开始。那么，为了实现你的理想未来，你可以马上做的第一件事是什么呢？你打算什么时候做？就这样，快速行动起来吧！

· 转念肯定句 ·

决定我的生活方式与人生状态的，不是其他任何人，而是我自己。

我对世界最大的贡献，就是成为最好的自己！

我为自己的人生负起百分之百的责任，我是我生命的创造者！

13 幸福关系的真谛是用不同的视角去看待一段关系

转念故事：我飞速成长，另一半却原地不动，怎么办

芝兰是家里的老大，她从小做事有主见，是一个事业心很强的女人，毕业后没有从事大学专业对口的工作，而是跨行做了教育培训。她起初是一家培训机构的业务专员，从基础的电话销售做起，后来和自己的恩师共同创业做培训平台。在行业里的持续积累，带给她的不只是专业的积累，还有系统的运营思维，以及对行业的全面认知。

34岁那年，芝兰有了宝宝，看重孩子教育的她停下主要工作，在家全职养育孩子，同时用很少的时间和精力做一点工作，也能得到不错的收入。等到女儿3岁上了幼儿园，芝兰意识到自己的内心依然非常享受打拼事业的感觉，于是经过朋友推荐，成功面试成为一家跨国教育培训机构的中国负责人。

芝兰在这家机构就职3年，就成功将业绩扭亏为盈，团队也从散漫到凝聚，公司整体运营呈现逐渐上升的态势。芝兰在行业里常常得到众人的称赞，收入也让人满意，她的自我感觉好极了。

另一边，芝兰的丈夫贺民在工作了20年以后，逐渐对工作失去了热情和动力，对未来迷茫的他，和一些转型成功的前辈进行了交流，想看看自己还有怎样的可能性和机会。虽然别人讲得眉飞色舞，贺民却依然困惑，这样的交流不仅没有带给他希望，反而徒增很多自我批评。贺民也经常外出参加学习，希望尝试在自己的领域里继续深耕。然而，很多的尝试和努力并没有带给贺民什么实质性的改变。

贺民似乎陷入了中年危机。

此时事业顺风顺水的芝兰，每日回家一看到贺民的状态，就感觉不对劲。那段时间，贺民很无奈、很无助，芝兰很失望、很疑惑。他们总是争吵，平日里保持的每晚喝茶聊天的好习惯也被丢到了九霄云外。芝兰甚至对贺民产生了些许的嫌弃。

这样的状况持续了半年时间，昔日和谐幸福的家庭氛围日渐变得沉闷，虽然每个人都在那里，彼此却能感觉到他们之间的断裂，这个家在彼此眼里突然变得如此陌生，冷清得像北方人冬却还没有来暖气的那段时光。这样的日子，芝兰、贺民都度日如年。

转机出现在芝兰的身上。

虽然每日忙碌工作充实快乐,成就感十足,但芝兰始终放不下贺民。她想要让贺民振作起来,希望贺民能找回自己的热情。她也做了努力,可是没有什么效果,这不得不让做教育培训的芝兰开始了另一条解决之道——向内探索。她找专业人士给自己做辅导对话,阅读心灵成长的书籍,打坐冥想……虽然经过一番尝试,但芝兰仍然无法摆脱深深的无力感。

贺民即将出差去台北,前一天晚上,他早早上床睡下了。芝兰很晚才从茶桌旁起身,她迈着沉重的步子,一点点挪到卧室门口,若不是时间太晚了,芝兰说不定会一直喝下去,不停地翻看手机,追剧。她的内心在逃避,她不想去面对生活中的问题,更不想看到那个让她不知所措的贺民。

芝兰站在卧室门口,看到贺民后背朝向自己,睡得很沉,发出缓慢而富有节奏的呼吸声,天蓝色的睡衣伴着贺民的呼吸上下起伏,三角形的台灯散发着温暖的黄光。贺民从来都是特别为家人着想的,台灯一定是他留给芝兰照明用的。

芝兰望着这个男人熟悉的背影,看着温暖的台灯,内在升起莫名的悲伤。她走到床边,缓缓地坐下,头向右边一撇,发现一本书《喜悦之道》,于是她轻轻拿起,随手翻开了一页,慢慢捧到眼前,看到书上清晰地写着一行加粗的文字——**当你**

的内在无法平静，你需要去看看你有什么恐惧。当你能直面你的恐惧，你将重回平静喜悦。

芝兰看到这段文字，不自觉地皱了一下眉头。"恐惧？我哪里有什么恐惧？"她内心嘀咕着。不过，她仍然想相信书中所说，去探索看看。芝兰小心翼翼地在这页书右下角折了一个小角，然后合起来放回床头柜。然后，她开始在床上盘腿而坐，闭上眼睛。

芝兰做了几次深呼吸，随着每一次深呼吸，她慢慢平静和放松下来。然后，她开始问自己："如果我有什么恐惧，那会是什么呢？"

这个问题一出，难以置信的是，芝兰的脑海中居然开始自动播放起电影来，她看到的是自己和贺民相识 20 年来的一幕幕：她看到贺民总会在出差回来时为自己送上小礼物，他对自己的每个家人都那么耐心和周到；她看到贺民每天忙碌的身影，他从不抱怨家务烦琐，还总是早起做饭；她也看到无论自己发生什么变化，换工作、辞职在家带孩子，贺民从来都不会提出任何的反对意见，总是默默支持她的一切决定。她突然意识到，自己内心深处最深的恐惧是"没有依靠"，她害怕贺民不再能成为自己的依靠，她需要独立承担生命中的一切。

芝兰看到了自己的恐惧，更清晰地看到过去 20 年贺民为自己、为这个家所做的一切，芝兰的眼泪像泄洪的闸门被打开一般，不停地流下来，浸湿了睡衣的整个前身。

不仅如此，在这段自动播放的电影中，芝兰还留意到，无论生活有怎样的变动，贺民始终如一，从未改变。反倒是自己在这几年的成长中，开始变得傲慢，开始从自己的角度对贺民进行评价。此时的她，似乎进入了贺民的身体，深切地感受到贺民的痛苦和无助。芝兰号啕大哭起来，惊醒了在一旁熟睡的贺民。

贺民转过身来，揉了揉眼睛，抬起左手轻轻地拍着芝兰的肩膀，好奇又温和地询问："亲爱的，你怎么了？"话音刚落，芝兰哭得更伤心了，像受了莫大委屈的孩子一般："老公，是我不对，这么多年，你一直都没有变，你为咱们家付出了很多很多，是我总在挑你的毛病，对不起。老公，我希望你好好的，开开心心的就行。"贺民立马坐了起来，他一边抱住芝兰，一边用他的大手抚摸着芝兰的后背，嘴里还不停地安慰着："没事没事，老婆，我都知道。"

神奇的转化就这么发生了。

第二天贺民按计划出差去台北。芝兰的内心特别轻松，像放下了一块巨大的石头。贺民出差的 7 天，他们依旧像从前那样，常常通电话，随时发信息，每晚视频对话。

曾有一段时间，贺民出差带回的礼物，芝兰一点都不喜欢，那些礼物对芝兰来说不浪漫、不新奇、没品位，每次贺民送到芝兰面前，芝兰只是看一眼，然后面无表情、平淡无波地说:"谢谢老公。"只是这一次的礼物彻底出乎了芝兰的意料。

贺民回来的那天,用一个环保纸袋装着自己挑选的礼物,和从前一样面带微笑地交到芝兰手里,芝兰像第一次收到礼物的孩子,快速打开纸袋想要一窥究竟,看到的那一刻,她惊呆了!居然是自己非常喜欢的台湾歌手的CD,芝兰太喜欢这次的礼物了,完全符合自己的心意。

每当芝兰和我们说起这件事,她总是感慨:"你们真的没办法想象,看到礼物的时候我真的太惊讶了,似乎从我的心改变的那一刻开始,整个关系都变得不一样了。"

转念奇迹:境由心转,幸福从未走远

有人说,生活就是道场,关系是最好的修炼场。所有不舒服的时刻都是自我修炼的最好时机。

你看不惯的人、事、物,问题不在对方,在自己。

2013年我只身前往印度学习,那是一段45天铭心刻骨的自我成长之旅。犹记得在临别前一天,印度导师提醒我们:"记住,当你们回到生活中,你们会发现老公老婆没有变,孩子没有变,爸爸妈妈没有变,可是你们却感觉不一样了,你们会感觉到一切似乎都美好起来了,其实是因为你们的内在世界不一样了。"

境由心转,如是。

在关系中，你感觉到痛苦了吗？

美国恰克·斯佩扎诺博士在被誉为关系圣经的著作《会痛的不是爱》中这样描述："如果你陷入痛苦之中，那代表你选择的是别的事物，而不是爱。爱只能爱，爱无法伤害，会痛的就不是爱。只有恐惧不被爱才会痛，只有我们对爱抗拒才会痛，只有我们不信任爱才会痛。"

因此，会痛的不是爱，是疗愈的良机。

爱打游戏的老公，花了同样多的时间为家里操持家务；喜欢唠叨的老婆，全心全意为家付出；说话简单直接的老公，待人真诚，没有花花肠子；喜欢凡事为你做决定的妈妈，承担了很多责任和风险；一脸严肃的爸爸，内心同样渴望着被爱、被关怀……

日本作家三岛由纪夫所创作的《萨德侯爵夫人》中说：

你们看见玫瑰，就说美丽，看见蛇，就说恶心。

你们不知道，这个世界，玫瑰与蛇本是亲密的朋友，到了夜晚，它们互相转化，蛇面颊鲜红，玫瑰鳞片闪闪。

你们看见兔子说可爱，看见狮子说可怕。你们不知道，暴风雨之夜，它们是如何流血，如何相爱。

你无法理解的事情，总有一些人觉得理所当然。

不去逃避，越逃避的越重复；不去抗拒，越抗拒的越持续。

世间万物本无好坏，你怎么看，便会怎么感觉。你看待世

界的方式决定了你对世界的回应方式。凡是让自己不舒服的、痛苦的，都是能让我们得到成长和扩展视野的。

最深刻的疗愈，都藏在关系里。

转念时刻：4个视角换位思考，世界从此大有不同

法国小说家马赛尔·普鲁斯特说过，**真正的发现之旅不仅在于寻找新的风景，更在于拥有崭新的视野。**

换位思考你一定不陌生。你可能经常听到另一半说"你换位思考一下，你从我的角度考虑考虑"，部门领导也经常提醒我们"咱们不能只从自己的角度考虑问题，咱们也得考虑下其他部门的利益"。每个成年人都知道换位思考的重要性，可是从知道到做到，真的不容易。接下来我将通过4个视角的转换，来帮助你转换对人、事、物的看法。每一次视角转换，你所见的世界就会大有不同。

为了让大家更直观地体验视角转换的力量，我以一个例子贯穿始终。

小慧是一位单亲妈妈，独自照顾12岁的女儿小红。小慧是自由职业者，大多时候在家办公，最近她工作非常繁忙。女儿下午放学后回家，小慧给孩子做饭。她们一起吃完饭，就各自开始忙碌了。平时都是小红负责洗晚餐的碗筷，这一天晚上9

点了，小红写完作业，却开始在沙发上看起书来。小慧看到时间不早了，放下手头工作，打算安排第二天的早餐。

一走进厨房，小慧发现池子里的碗筷还堆放在那里，她瞬间感觉到崩溃。一边叹气，一边洗碗。虽然碗洗完了，但是小慧心里有很多不舒服，第二天她找我沟通。我就用了视角转换的方式帮助她从这件事中发现有价值的部分，也支持她更好地和女儿相处。

第一视角：自己的视角

这个视角根本不用练习，我们每时每刻都会自然地从自身出发看待事情。

这个视角的本质是"我怎么看，我认为，我感觉……"

我问小慧："这件事让你感觉如何？你是怎么想的？你发现了什么？"

小慧说："我觉得女儿没有主动刷碗，故意偷懒。"

第二视角：对方的视角

从第二视角开始，你便会感觉到观点是如何通过视角的转换而发生神奇的变化的。

对方的视角,就是你所处场景中与自己相关的重要一方的视角。举些例子:你给孩子辅导作业,孩子就是对方;你和领导吵架了,领导就是对方;你和老公观点不一致,老公就是对方。

要从自己的视角转换到对方的视角,就好像你真的穿上了对方的鞋子,进入了对方的身体。你的所见、所闻、所思、所感都会发生改变。

对方视角的本质是:

假如我是 TA,我会看到什么?

我会听到什么?

我的感觉是怎样的?

我是怎么考虑的?

我认为什么是恰当的?

我会采取什么行动?

我问小慧:"假如你是女儿小红,你看到了什么?你的感觉是什么?你怎么想的呢?"

小慧说:"我看到我花了两个多小时写完作业,有点累,想放松一下,就看会儿书。我完全忘记了要洗碗的事。"

第三视角：摄像机视角

在任何有关系互动的场景中，互动的双方都会有各自的观点和思考，怎样才能更全面、更客观地看待人、事、物呢？

当我们通过一个旁观的摄像机来观察时，客观、全面、系统的观察行为就产生了。

我们可以想象自己是屋顶的一台摄像机（也可以是屋顶本身，或者房间里抽离在外的任何一个物品，比如吊灯、投影仪、墙上的一幅画、空调等），然后去观察事情发生的经过。

我问小慧："如果你是房顶的那盏灯，你看到了什么？又听到了什么？你有哪些发现？"

小慧闭上眼睛大约10秒钟，接着说："我看到妈妈和女儿都做了很多事，她们各自忙碌，没怎么说话。我还看到妈妈有些疲惫，她一边叹气一边洗碗，看到女儿非常安静地躺靠在沙发上看书，很专注。"

第四视角：穿越时间的视角

很多时候我们看待一件事是从当下出发的，这个时间节点让自己不舒服、不开心，想不通；如果我们可以超越当下，看看过去，或者展望下未来，就会完全不一样了。那感觉就像是

Sheena 神话　绘

每个拖延行为背后都藏着恐惧
再小的行动,持续做就会发生巨大的改变

一个人从一个黑暗的盒子里跳出来,一下子看到广阔的天空。

穿越时间视角是带着我们在时间线上自由穿梭,从而能洞见智慧。

思考的角度可以是:如果回到过去,在这段关系中,你看到了什么?有哪些瞬间让你记忆深刻?如果时间可以去往多年以后,你们的关系最理想的状态是怎样的?

○----------------------------

小慧听到这个问题后,思考了一会儿说:"我看到我和女儿的感情非常好,女儿已经很懂事了,她帮了我很多。我看到我们的互动很亲密,有很多难忘的时刻,我们一起玩游戏、遛狗。当我展望未来,我看到女儿长大后,我们依然非常亲密,我是她的知心朋友,她还是很愿意和我分享她的秘密,遇到困难的时候也愿意敞开心扉向我寻求支持。她快乐、健康,是一个自信幸福的孩子,我也越来越能绽放我自己。"

小慧在这个问题的思考中开始滔滔不绝地表达,她继续补充:"我突然有个发现,我需要和女儿直接沟通,她还小,不像大人那么会察言观色,其实她没有意识到这些问题,我需要温和地和她沟通,让她了解我的想法,我也可以和她一起来解决这个问题,共同商量决定。"

----------------------------○

这个过程是不是很妙?跨越时间线的视角,常常能带给我

们全新的洞见和启发。

这4个视角转换的过程，带给很多人意想不到的收获，根本的原因是我们可以通过不一样的眼睛重新看待人、事、物，而不是自动从自己的单一视角出发。

· 转念肯定句 ·

当我改变自己的视角时，我会发现不同的世界。

通过自己内在观点的改变，我会创造我想要的理想世界。

我越能超越自己的视角看待事情，就越能洞见更高深的智慧。

14 生活有无力感，是因为我们总想改变别人

转念故事：老公怎么就这么难改变

张老师是我非常欣赏的一位女企业家，在个人成长的领域也是我的恩师。在她进入个人成长领域的最初阶段，她曾看了一本畅销书《与神对话》。这本书带给她巨大的收获和启发，她说阅读此书的整个过程让她不仅在思想上茅塞顿开，连身体都有一种通透过瘾的感觉。后来她经过查询，发现这本书在全球畅销上千万册，被翻译成37种语言，更是增加了她把这本书推荐给老公的信心。

出乎意料的是，当张老师热情满满地把书送到老公面前，赞不绝口地推荐时，老公根本不搭理她。但这并没有让张老师打退堂鼓，一向做事有毅力的张老师没有放弃，接下来的日子里，她有事没事、想着法儿的、换着招儿地不断努力做老公的工作，比如：温柔地劝说，发送其他有影响力人士的书评，找机会读

一段给老公听，还直接把书摆在老公的桌上……张老师是真没少花心思。就这样，张老师坚持了一年！但是，这一年中她老公从没看过这本书，连翻都不翻。

她百思不得其解，老公明明很爱看书，为什么却将这么好的书拒之门外？老公有很多事情想不通，这本书正好可以帮到他，他怎么就软硬不吃呢？

终于，张老师无奈之下放弃了，她在内心常常暗自嘀咕："我的老公怎么就这么难改变呢？"

事情到这里并没有结束。

又过了一年，有一天张老师在家里打扫房间，她老公突然兴奋地回家说："老婆，我这里有一本特别好的书，我看了，真的很棒，你看看吧？"张老师低头一看，差点儿没气晕过去，这居然就是自己花了一年时间推荐的那本书！

转念奇迹：没有人可以被改变，除非他自己想改变

这个故事你是不是觉得特别熟悉呢？其实，这样的故事几乎每天都在发生，发生在你和其他人之间，特别是那些和你非常亲近、非常熟悉的人之间，比如你的孩子、爱人、好友、下属。对于热爱成长的人来说，想要改变别人的心念和行为，更是持续不断。

那么在"改变"的背后，究竟发生了什么？

为什么我们想要改变自己？

为什么我们想要改变别人？

你觉得当人们有哪些信念或假设的时候，会产生"改变"的想法呢？

第一个维度：想要改变自己。

假如你有以下信念或假设——

- 觉得自己不够好。
- 不喜欢现在的自己。
- 看到别人比自己好，想要追赶。
- 有自己欣赏或仰慕的对象，想要成为 TA 的样子。
- 发现未来的机会需要改变现状才有抓住的可能。
- 希望实现一个新的目标或期望。

…………

你会努力做很多以前不会做或做得不够好的事，开始改变自己。

第二个维度：想要改变别人。

假如你有以下信念或假设——

- 你发现对方成长的速度不及你快。
- 对方已不是曾经你欣赏或仰慕的 TA。

- 对方没有按照你想要的状态生活。
- 你看到同样的关系里，别人的 TA 比你的 TA 更好。
- 对方和你做事的标准不同。
- 在你眼里对方在过去和现在有不同表现。

…………

你常常会通过语言敦促、旁敲侧击、对比、行为促进等多种方式促使别人改变。

这些隐藏在我们内心深处的假设，让"需要改变"的声音在我们心中反复出现。不同的是，当你自己想要改变时，你的变化常常会很快产生。然而，假如这改变之心是为他人而生的，也就是你认为别人应该改变、需要改变，你想改变其他人，结果却常常令你沮丧。

这是为什么呢？

因为**没有一个人可以被别人改变，除非他自己想要改变**。

这句话你一定觉得很熟悉，甚至你会常常告诉别人"你是改变不了他的"。可是我们就是在乐此不疲地玩着试图改变他人却屡试屡败、屡败屡试的游戏。很多时候我们并不知道，自己已经走进了一个死胡同。

那么，"改变"到底是如何发生的呢？假如改变能够发生，需要具备哪些必要的条件呢？那些看起来"被你改变"的人，到底是如何被改变的呢？

转念时刻：4 个要素让改变发生

每个人的一生会遇到很多时刻，在那个点改变就发生了。当我们回头去看那些改变的时候，无论它们发生在自己身上，还是发生在他人身上，我们会发现，"改变"的发生都具备了一些重要的元素。

有一个颇具影响力的公式将促成改变的重要元素结合在一起，这个公式就是美国的理查德·贝克哈德与戴维·格雷彻提出的描述组织变革条件的变革平衡公式，也可称为变革公式、变革模型等。这个公式道出了改变的本质，不仅指代社会、国家、企业层面的重大变革，也包括我们每个普通人发生的改变。我们就称它为"改变公式"吧！

改变公式：$D \times V \times FS > RC$。

其中，D=dissatisfaction，V=vision，FS=first steps，RC=resistance to change。

即改变公式为：**对现状的不满 × 对未来的愿景 × 第一步实践 > 改变的阻力**。

改变公式说明了发生在个人思想、家庭、组织、国家等方面的真正转变，需要包括 3 个必要因素，即 D、V、FS。为了改变的持续性，上述三者的乘积必须大于 RC。非常重要的是，

"对现状的不满""对未来的愿景"及"第一步实践"三者之间是相乘的关系,也就是说假如其中任何一项不存在,真正的转变就不会发生。

大家可以回忆一下那些在你身边发生的改变,它们是不是都具备了这些因素?或者那些你期待他人发生却未发生的改变,是因为缺少了哪一项或几项吗?在这里,我想请你特别留意那些你想要让别人发生的改变。

我们分别来看看这些因素——

改变要素一:对现状的不满

我清楚地记得2013年我去印度学习的第一天,指导老师问我们所有学员一个问题:"你们谁感受到自己在受苦?请举手。"几乎所有人都举起手来,大家相视而笑。

然后老师说了这样一段话:

"恭喜你们,你们都感受到自己在受苦,同时你们承认它,并且希望改变,希望自己脱离苦难,所以今天你们来到这里。而如今在我们的身边,不同的人会有不同的反应。假如你问一些人:'你觉得自己在受苦吗?'有的人回答:'没有啊,我觉得我没有在受苦啊,我觉得自己过得很好啊。'也有的人会这样说:'受苦?这难道不是很正常的事吗?人人都在受苦啊,不用大惊小怪的吧?'"

接下来老师解释了人们会遭受的不同层面的苦：有来自身体层面的痛苦，比如疾病、不同部位的疼痛；有情感层面的痛苦，比如关系中的矛盾、不和谐、彼此伤害；还有来自精神层面的痛苦，也就是现在很多人痛苦的来源——不知道自己为什么在现在所处的境遇中，不知道自己为何而活着，不知道自己存在的意义是什么，生命的方向在哪里。

这让我想到假如一个人想要改变，的确常常是因为他对现在的自己或境况不满，这通常会是改变发生的第一个迹象，或者说是促发因素。因此，假如你想让你的孩子、爱人改变，请仔细去感受和观察，是他们对自己或目前的境况感到了不满意，还是你对他们的现状感到不满意？对方之所以抗拒被我们改变，是因为他们会感觉到我们对他们的评判、指责，说到根本，是因为"我们"感觉"他们有问题""他们不够好"。

想想看，有哪个人会喜欢被安上"有问题""不够好"的标签呢？

改变要素二：对未来的愿景

很多人会因为对现状不满而想要改变，却没有真正改变什么，其中的一个原因可能是他们并不知道该去向哪里。他们可能的自我对话是："我真的很想改变，我不想再像现在这样过日子，可是我能去哪儿呢？我能变成什么样呢？……"

当人们不能看到自己未来理想的样子时，他们常常没有动力前进和突破。假如未来理想状态的自己足够清晰可见，清晰得好像是一幅画或一部电影时，那画面就会极大地驱动他们向全新的未来迈进！

"未来的愿景"常常来自你所欣赏的人，他们做到了你想做但还没做到的事，你可以清楚地看到他们已经活出了你希望的状态，他们的状态就好像是你的未来一样。

所以，花点时间和自己待在一起，问问自己：假如3年后，你可以活出最理想的状态，那个时候你会在哪里，在做什么？你会和谁在一起？你会有怎样的感觉？在这些问题提出之后，请静静地等待片刻，你会看到一些画面，拥有一些感觉，请用文字、图像把它们记录下来吧！

改变要素三：第一步实践

你也许会看到有一些人深深地感受到自己对现状的不满，因为他们常在抱怨，他们也常提及希望能够成为什么样的人。可是这个过程好像只是在持续，却并不会真的发生什么。问题出在哪儿呢？

很关键的一点是人们是不是为了改变现状、为了想要的未来开始了第一步行动。如果一切只停留在语言的层面，那么什么都不会发生。在这个时代无论你想要什么，请一定做个"行动派",而不是"空想家"!

即使迈出再小的一步,都是对未来自己的贡献。

想想看,为了活出理想的人生,在这个当下,你能迈出的一小步改变是什么?你能做出的第一个行动是什么?你可以从哪里开始?

改变要素四:抵抗"改变的阻力"

任何一件事的发生,都会存在阻力。在改变发生的周围,最常见的阻力常来自家人的不理解和反对、周围人的固定思维模式、自己旧有习惯的拉扯、自己的惰性、所处环境的限制、内在缺乏自信等,如果想要找阻力,一定可以找到一大堆。那么,怎么应对呢?

如果你真的想要改变,最重要的是让改变公式的左侧元素不断增强,特别是不断去看、去感受自己未来理想的状态,并且每一天都为了未来去行动,不断尝试和冒险,不断获得小小成功,长期坚持下去。当这份力量足够强大时,所谓的阻力就会显得微不足道,那份力量会化作内心深深的笃定和相信,你所期待的未来也会离你越来越近。

拿回自己的力量,放下试图改变别人的心

很多已婚人士会花很长时间去纠正另一半的生活习惯,很

多父母也会花很大力气去纠正孩子的行为习惯。当我们真正理解了改变公式的智慧，便能领悟若要让别人发生改变，真正奏效的反而是改变自己，把注意力从盯着别人转移到自己身上来。

一位爸爸在我的亲子教育工作坊结束时大步快走靠近我，边走边用右手招呼我："老师，我有个问题想咨询你一下！我想让我的孩子爱看书，读书是个很重要的习惯啊，有什么方法吗？"我几乎没有经过任何思考下意识地回复他："您和爱人平时爱看书吗？"这位爸爸马上低下头，像个被人揭穿把戏的小男孩，右手尴尬地挠着后脑勺："我……我看不进去啊。"

印度民族解放运动的领导人圣雄甘地说：**"Be the change you want to see in the world。"**（欲变世界，先变其身。）

如果你想要看到别人的改变，先问问自己"我做到了吗？"请相信我，当你可以做到你希望看到的改变时，你的生命将充满掌控感，你会感受到力量和自信；你的内在会无比自在与丰盈，你身边的人们会自然对你充满好奇，他们会想要靠近你，潜移默化地被你影响，并不由自主地开始做些不一样的事情。最终你会发现，**你想要的世界不是别人为你打造的，你不需要把期望寄托于其他人，而是可以经由你自己来创造！**

这个世界上所有的改变，本质上都是这样发生的。

每个人的生命都如此独特，每个生命都有他自己的节奏。

就像孩子那样充满好奇吧！瞪大你的眼睛，一边做出你想要看到的改变，一边静待那些出现在你身边的生命，他们按照自己的节奏去经历、去蜕变、去绽放！

·转念肯定句·

我可以经由改变自己来改变世界。
欲变世界，先变其身。
改变不仅是可能的，而且一定会发生。

15 你的地图，
不是孩子的疆域

转念故事：妈妈，我和你想的不一样

人与人最好的相处方式是什么？

我们如何看待人与人的不同？

如何最有效地支持他人成为最好的自己？

女儿快 3 岁时的一个冬天，晚饭后，我和她在卧室的书桌上一起玩涂色书。书上画着一棵圣诞树，上面已经有了一大串彩灯，其余都是空白的。

女儿开始涂色，我留意到书上有一段对家长的提示："不要干扰孩子选色，让她自己选择。"女儿选了绿色，不一会儿她就涂完了整棵圣诞树。

接下来要开始贴纸了，书上的贴纸也是圣诞节主题的，有各种圣诞树上的礼物和小星星，可以用来装饰圣诞树。礼物贴纸有红色球、七彩拐棍糖、银色礼物盒等。

大概过了 3 分钟，我发现女儿已经把几种礼物贴纸都贴在了圣诞树的同一个位置，看上去很拥挤，其他部分却空空的。盯着礼物分布极其不均匀的圣诞树，我一边看，一边感受着自己内心的不满意。

本想尝试放手的我，经过几分钟的挣扎后，还是没忍住，开始提示女儿："宝贝，你看树很大，是不是可以把这些礼物贴纸贴得分散些呢？让树到处都漂漂亮亮的。"

听我说完，女儿立马伸出右手，火速将一双红色袜子贴在了"别处"——圣诞树的上方。接下来有3颗黄色的小星星贴纸，女儿依旧不假思索地把它们贴在了礼物贴纸的旁边，看起来很密集，基本在一条线上。

我忍不住再次提示："你看，它们都堆到一起了，太挤了，其他地方都空空的，这也不好看啊，咱们还是分散点吧？"女儿就好像没听见我说的话一样，愣是坚持贴完了剩下的小星星，而且还把两颗贴在了圣诞树的外面。贴完，她故作认真又有点小愤怒地对我说：**"妈妈，我和你想的不一样！我要把它们贴在一起，它们是好朋友！"**

听完女儿的回答，我有些惭愧，也感觉自己有点可笑。我根本不知道也没有想到女儿是这么想的。作为看起来考虑周到的妈妈，我只是想到美观，可是女儿看到了更多，看到了我看不到的东西，看到了这些小东西之间的感情和连接，这些贴纸在她手里不只是玩具,更是伙伴和朋友。

贴完了全部的贴纸,女儿开心地把书拿在手里,请我给她拍照纪念。她的小脸粉嘟嘟的,真可爱。女儿双手捧着的圣诞树,看上去是那么独特又闪闪发光,上面的每一个贴纸似乎都在冲着我们微笑。

女儿入睡后,我躺在床上辗转反侧。我深深觉察到作为母亲的我是那么想要掌控,女儿的想法真的完全出乎我的意料。

我觉察到自己想要让女儿和自己一样的执念,非要拿自己的标准去要求孩子。

转念奇迹:每个行为背后都有正面的动机

没有两个人拥有完全一样的想法

在过往的生命中,有哪些时候我们用了同样的方式对待别人?是我们的爱人、我们的下属,还是我们的父母?我们是怎样"强迫"眼前这独特的生命一定要按照我们的节奏和选择去走属于 TA 自己的人生旅程的?

没有两个人长着一模一样的大脑,没有两个人会对同一件事有完全一致的想法。这恰恰是生命本源独特又美妙的地方,不是吗?

第三篇　生命就是关系

你的地图，不是别人的疆域

世界上的每一个生命都有其独特的生活和存在方式，每个人都有独特的使命要去完成。我不是你，我永远无法完全读懂你的内心世界，我无法去判断、去臆测。我们所能做的，就是充满好奇，保有那份对生命深深的敬畏和尊重！在内心深处深深地相信，每个人都有自己的生命轨迹，每个人都会在当下选择最适合自己的道途，并在心中深深地祝福他。

请让对方把话说完

人与人之间之所以会产生冲突矛盾，很多时候就是因为没有等对方把话说完，我们就开始打断，用自己过去的经验妄加评判，又或者指手画脚地给出自以为正确的建议和指点。没有人喜欢被打断，没有人喜欢被评判，每个人都渴望被聆听。

每一次当我们打断别人，就把不尊重、不耐烦、不喜欢传递了出去；

每一次当我们妄加评判，就把高高在上、好为人师传递了出去。

每一次当我们耐心聆听，就让对方感受到了关爱、信任和尊重；

每一次当我们敞开聆听，就会让对方真实表达、深度思考。

通过聆听，我们得以更理解对方；

通过聆听，我们得以更靠近彼此；

通过聆听，我们方可共赴远方。

身为父母，出于对孩子的爱和担心，我们都希望让孩子避免痛苦，减少犯错、走弯路的可能，我们总想为孩子做得更多。但是，真正的成长是怎么来的呢？我们过去的经验对比我们年幼20年、30年的孩子还会奏效吗？

孩子只有自己经历了痛苦，才会切身体会到什么是幸福；只有摔倒过，才知道如何站起来，并体会到站立是多么有力量；只有被人取笑过，才明白这世上收获自信的方法唯有认可自己。即使听起来荒谬的观点，都有孩子自己的考量；即使看起来错误的行为，都有孩子正面的动机。

我辅导过的一位女性创业者，和老公一起开公司，因为工作太过繁忙，他们对孩子的关注和照顾很少。孩子平时在学校发生了什么，身为父母的他们无暇顾及。

有一学期，孩子的数学考得特别差，分数低到让老师惊讶，只有17分。按照孩子日常的水平，考试成绩一般都在80分上下。老师无法理解，于是给孩子的父母打电话，请他们到学校进行沟通。他们和老师沟通完回到家，把孩子叫到身边开始了解情况："儿子，这次考试怎么回事，怎么分这么低呀？这可不是你的正常水平啊。"

儿子低着头，什么都不肯说。妈妈感觉到了一些异样，就耐着性子等待孩子回答。那天妈妈格外有耐心，这让儿子有些意外。看到妈妈没有发火、没有指责，他才慢慢抬起头："妈妈，因为你们太忙了，我已经很久没有见到你和爸爸了，如果不是我考这么差，我还是见不到你们啊！"

儿子说完就号啕大哭。妈妈听罢也忍不住哭起来，她抱住儿子，抚摸着儿子颤抖的后背，一遍遍地重复着："对不起儿子，真的对不起，爸爸妈妈最近太忙了。妈妈一定注意。妈妈爱你，宝贝儿子。"

17分，一个低到让人质疑的分数，可是这背后隐藏的却是一个孩子对父母关注的渴望，对父母的爱的呼唤。

黎巴嫩诗人纪伯伦曾写过一首关于孩子的诗《论子女》[①]，道出了儿女与父母关系的真谛，每每诵读都让人醍醐灌顶。

论子女

[黎巴嫩]纪伯伦

你们的孩子，其实不是你们的孩子，

他们是生命对于自身渴望而诞生的孩子。

他们借助你们来到这世界，

[①] 本诗节选自中信出版集团出版的《先知》一书。

转念的奇迹

却并非因你们而来。

你们能给予孩子你们的爱,
而不是输入你们的思想。
因为他们有自己的思想。
你们有能力为他们的躯体营造住所,
而他们的灵魂却不会寄宿在那里面。
因为那灵魂居住在"明日"的宅第,
你们既不能造访,也不能在梦中找到。
你们可以努力地去模仿他们,
但是,想让他们像你们,却是枉然,
因为生命不会倒行,
也不喜欢在"昨日"的居所里驻足。

你们是弓,
你们的孩子是由你们的弓射出的"生命"箭矢。
那射手瞄准了立于无尽之路上的目标,
用尽全力拉满了弓,
使箭矢飞得更快、射得更远。
为此,就让你们,聪颖的射手手中弯曲的弓,
去成全一种喜悦、一种欢快。

因为那射手既爱射出的箭，

也爱手中的弓。

成为孩子稳定的弓，无论何时，无论发生什么，带着爱、信任、尊重，待在孩子身边，这是对孩子最大的支持。

转念时刻：改善关系建立连接的 3F 聆听

怎样与孩子、伴侣进行良好的沟通呢？积极聆听是沟通中最重要的一环。学会闭嘴，学会聆听，再固执的孩子都会敞开心扉。

3F 聆听，是我非常喜欢的聆听方法。经过一段时间的刻意练习，我们的聆听能力会得到巨大提升，沟通有效性会得到明显改善，更重要的是对方会感受到被聆听的幸福、被尊重的感动，就会一下子与我们亲近起来，对我们产生深度的信任和连接。

3F 聆听指的是聆听的 3 个层次（见图 15-1），从浅到深。

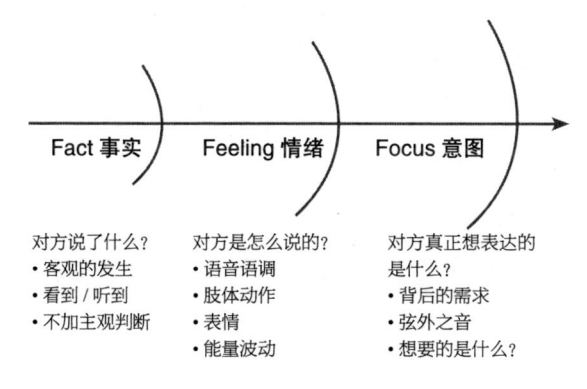

Fact 事实	Feeling 情绪	Focus 意图
对方说了什么？	对方是怎么说的？	对方真正想表达的是什么？
• 客观的发生	• 语音语调	• 背后的需求
• 看到/听到	• 肢体动作	• 弦外之音
• 不加主观判断	• 表情	• 想要的是什么？
	• 能量波动	

图 15-1 聆听的 3 个层次

第一层次：Fact（听事实）

听事实代表着听到对方具体说了什么，是收集信息的过程。聆听的过程需要专注，带着好奇心去听，自己的嘴巴大多时候是关闭的，这样才能听到对方都表达了些什么。在这个过程中，作为聆听者，我们就像录音机一样，要把对方表达的信息都录下来。

需要注意的是，在这个过程中，对于聆听的我们而言，最重要也是最具挑战性的，莫过于放下自己过往已知的经验，放下自己对对方的评判，放下自己的"认为"，放下"事情一定要按照自己认为的发展"的执着，远离"下载式聆听"。唯有如此，我们才能够做到真正安静不打断地聆听。

第二层次：Feeling（听情绪）

当我们开始放下想要表达的欲望，闭嘴聆听的时候，我们的内心也会逐渐安定下来，此时就很容易听出对方表达信息的时候语气如何，声调有什么变化，对方是怎么表达自己的信息的。同样的4个字"你吃了吗"，用不同的声调表达时，完全可以让人感受到不同的情绪能量。情绪可能是平静的、开心的、愤怒的、悲伤的、沮丧的……

假如我们不仅听到对方说了什么，还能感受到对方的情绪，就会更容易走进对方的内心世界，产生同理心。

每一种情绪的背后都传递着一份需求。悲伤可能是失去了重要的东西，生气或许是自己看重的东西被别人占有。我们越能听到对方的情绪，就会越懂得对方。

在听情绪的时候，作为聆听的一方，我们需要把自己整个人打开来听，关注对方的肢体动作、面部表情、声调起伏，包括他在强调什么关键词等，这样我们就很容易感知对方的情绪。

第三层次：Focus（听意图/需求）

当聆听足够专注、深入，我们甚至会超越对方的情绪，听到对方真正想表达的是什么，也就是他的意图和需求到底是什么；他说的信息背后想传递哪些更深的信息；所有的表达背后，他想要成为一个怎样的人；等等。就是听到"弦外之音、言外之意"。

听到这个层次不是特别容易，但是如果我们经常练习聆听，就会越来越容易达到这个境界。对方会感觉我们太懂他了，双方的关系会立刻升温。

聆听说起来简单，做到却并不容易。

但是，聆听却是我们生而为人最重要的一项能力。

人与人之间信任是基础，没有信任，很多事情都无法推进。可以说，每次沟通都是我们与他人建立信任的良机，而积极聆听会加速信任的建立。这绝对是一项值得用一生去刻意练习的重要能力。

每次沟通聆听时，都请在心里默读这句话——

当你来到我的面前，你就是此刻这个世界上对我唯一重要的那个人。

·转念肯定句·

我尊重每个人的观点。

每个人都渴望被聆听，我也不例外。

我给别人做自己的自由，借此我也可以做自己。

Reconsider & Miracle

第四篇

大大的梦想,小小的行动,一步一步朝前走

16 撬动改变的支点，
创造生命的丰盛

转念故事：忙于打拼事业，和孩子的关系没救了

做培训的第十个年头，我很幸运地与一家大型的生产制造型企业合作，为他们的高管团队做领导力发展的培训。拿到高管团队名单的时候，我仔细查阅，发现男士居多，80% 年龄在 40 岁以上，其中有 5 位超过 50 岁。

从电话访谈到培训实施，和这些高管在一起，彼此都变得越来越放得开，后续 5 个月跟进辅导，更增加了很多机会让我看到这些表面严肃、内心鲜活可爱的高管们真实的生活状态。

Jacky 是负责销售的高级副总裁，拥有销售人的干练和雷厉作风，22 岁刚毕业便跟随如今的企业负责人，从上一家企业一路打拼到现在，如今带领 30 人的销售团队，已经 52 岁了。听他们分享过去创业的故事，我仿佛可以看到那些意气风发的少年，如何一点点打拼成为企业的骨干精英，又是如何一步步走上企业高管的位置，到此刻肩负传承和发展后辈力量的重任。一个人的 30 年啊，最珍贵的黄金岁月，无比美好的青春年华。

从培训到跟进的 5 个多月，我每次都会被 Jacky 凌乱的花白头发吸引，那头发就像被路过的小鸟叨过几下似的。他喜欢穿白底小黑方格的衬衫，有时还会在衬衫外面搭配一件深灰色的马甲。上课的时候，Jacky 打破了过往我对企业大龄男性高管的偏见，他格外投入和认真，常常静默地思考和记录，也常常举手争取分享机会，时隔多年我依然清晰地记得他用温和的语气讲的那句引起所有人鼓掌的话——"我们不能用相同的自己，去面对不同的未来。"

培训结束的时候，他迈着轻快却坚定的步伐走向我，衬衫上的小黑格渐渐地清晰起来。"这次培训带给我的触动太大了，我从来没有如此客观地审视过自己的生活。"

在这个项目中，除了培训外，每位高管还配有一位专属的教练，我是 Jacky 的教练。我们开启第一次对话的时候，系统盘点了他生命的整体状态，他惊讶地发现，他的生命中似乎除了工作，其他部分都严重缺失。他和妻子的关系平淡如水，身体方面血脂、血压多项指标出现预警，娱乐放松对他来说想都不要想……他被自己的评估结果吓到了。

转念的奇迹

他经常在一对一沟通时感慨："这个培训如果能在我年轻的时候就遇到该多好！我的孩子已经18岁了，他最需要我这个爸爸的时候，我完全投身在事业里打拼，现在，我们基本没办法沟通，他听不进去我讲话，我也对他的很多想法、做法不认同。但是这次培训让我意识到，即使现在去改变我们的父子关系非常难，我也仍然想努力看看。我还想多陪陪我的太太，她跟了我一辈子，真的太辛苦了，我该多抽些时间和她在一起。"

Jacky的表情有些凝重，语气里充满了笃定。他望向窗外，眼神里透露着一些迷茫，像被打散的沙粒，找不到聚焦的中心，又好像在望向很远的地方，我想那里定是他心中所想吧！

在跟进辅导的5个月里，Jacky持续践行着自己的承诺，最初和孩子尝试的3次沟通，都以失败告终，孩子要么闭口不谈，要么起身走人，Jacky想要努力改善关系的心碎了一地，尴尬至极。不过他没有放弃，终于在第4次，在孩子真切感受到爸爸沟通的诚意的时候，他们开始聊天了。就这样，状况越来越好，他们慢慢可以一起看电视，一起跟随姐姐弹吉他唱歌。Jacky向我分享现场的小视频，一家人其乐融融的场面真让人觉得温暖又感动。

Jacky每周都会和妻子看一场电影，有时在家里，有时去影院，而且电影的选择妻子说了算（这是Jacky在结业时亲口告诉我们的，虽然听上去有些无奈，貌似很多电影他毫无兴趣，但是他由内而外透露着满足和幸福）。就这样一周一周过去，Jacky 和妻子的关系也有了很大的改善，有心的 Jacky 居然把所有的电影票都留了下来，作为证据给全班同学看。

这真是个有趣有爱又勇敢坚定的男人！

当 Jacky 开始关注生命中需要改变的部分，并付诸努力后，他整个人都变得鲜活起来，他和团队的沟通方式也变得更加柔和。和团队工作时，他一改过去只谈业绩和结果的作风，开始鼓励伙伴们照顾好自己的身体，关注对家人的陪伴。

美好的改变就这么发生了，并且像水面上的涟漪般持续地扩散开来……

转念奇迹：找到撬动点，生命从此发生改变

古希腊哲学家、物理学家阿基米德说过：**"给我一个支点，我就能撬起整个地球。"**

在众多的工作任务中，哪个先完成会对整体的工作安排发挥至关重要的作用？一年的所有目标里，哪个目标完成了对你来说是非常有成就感的？孩子关于学习、生活的哪个方面一旦有改善，孩子的整个状态就会完全不同？团队有很多问题需要解决，哪个问题解决了其他问题也会迎刃而解？

所有这些问题的答案，都指向那个关键的撬动点。找到撬

动点，把握要害，可以事半功倍。

Jacky 的职业生涯已经到达了最后的传承阶段，他通过对生命现状的觉察，到了下一个生命阶段的重心——关系，并对此投入更多时间和精力。他不仅在生活中创造出幸福，也将这样的系统思维传递给了整个团队，带动团队伙伴在工作生活中都发生了积极的改变。

"时间不够用"应该是当代人抱怨最多的生活现象了。"高效成长"的诉求越来越强。高效成长需要的不是只关注成长领域的某一个维度，不是只关注一个点就开始蛮力深耕，而是关注到学习领域整个成长系统，看看这个成长系统由哪些部分组成，各个部分彼此之间的关系是怎样的，看看成长系统的各部分中哪个是核心的撬动点，哪个部分成长了，就能支持我们整体的成长。

请深深相信，我们值得拥有平衡丰盛的人生。

那么，在当下的生命中，什么是你的那个支点呢？

转念时刻：让平衡丰盛的生命之轮转动起来

大脑是用来思考的，不是用来记忆的。你需要释放大脑的空间，利用下面即将谈到的工具——生命平衡轮，将自己的成长可视化地、系统地呈现在眼前，找到成长的撬动点，让成长滚动起来！

生命平衡轮是著名的美国激励大师保罗·麦尔创造出来的视觉化工具，被渴望成长的人广泛应用，它能帮助我们做出不同的选择，决定将时间和精力集中在哪里，以获得更加满意的生命状态。

之所以称为"轮"，因为车轮本身就是一个强大而古老的象征，它意味着运动、生命的循环和变化，引导我们进行生命的平衡、维持。车轮是圆形的，也寓意生命的圆满丰盛。在各种形状里，圆形转动也是最顺滑、最快速的，意味着当我们能平衡兼顾生命的各个方面，生命的运作也会更协调高效。

我们去观察生命平衡轮，便会拥有一个直升机的视角，可以俯瞰自己对生命各方面现状的满意程度，比如人际关系、职业发展等——让你能够亲眼看到自己当下哪些方面感觉良好，哪些方面需要优化。

保罗·麦尔访谈、调研了很多既成功又有很高幸福感的优秀人士，询问他们生命中最重要的是什么，最后总结出来8个重要组成部分，分别是：职业发展、个人成长、自我实现、身心健康、休闲娱乐、家庭关系、社交朋友、财务管理。有很多人在此应用场景下，形象地将生命平衡轮称作"生命之花"。

现在请跟随我一起来绘制属于自己的生命平衡轮：

需要的物品：A4白纸，水彩笔。

第一步，取用一张A4白纸，在白纸的中央画一个大大的圆形，尽量占满纸面的中央，然后将它平均分成8等份，就像一个比萨，如图16–1所示。

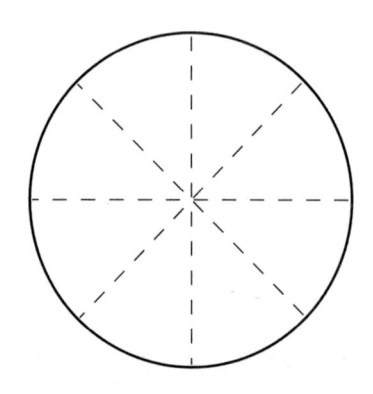

图16-1 空白生命平衡轮

第二步，标记生命组成（见图16-2）。

想想看，对你来说生命中最重要的组成部分有哪些，将它们分别标注到轮子的外侧。你可以参照图16-2中所示的生命平衡轮的组成部分，也可以个性化地填充你认为重要的部分。

温馨提示：在进行标注的时候，你可以选择不同颜色的水彩笔来代表不同的组成部分，比如很多人想到身体健康就会感觉是活力、生命力的代表，喜欢用绿色。

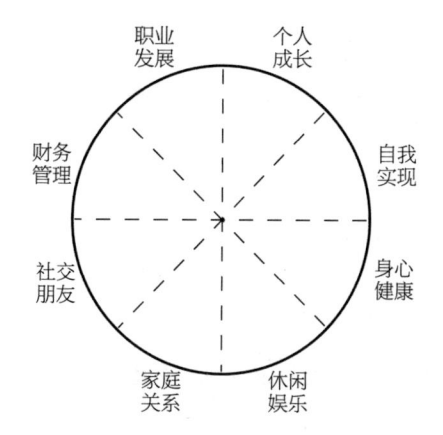

图 16-2 标记生命组成

第三步，评估现状。

接下来请你为每个部分的现状满意度打分（见图 16-3）。

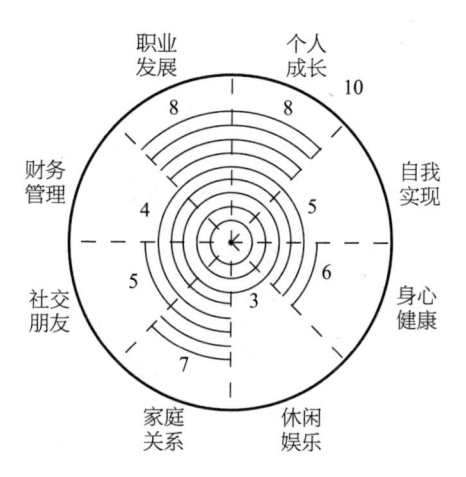

图 16-3 为现状满意度打分

看看你对每个部分的满意度如何。10分代表非常满意，1分代表最不满意。轮子的外缘代表10分，轮子的中心代表1分，你可以想象轮子的每一条半径都是一条刻度尺，上面标示着满意度的刻度。

第四步，思考与发现。

打完分数，会有很多发现。你可以把纸从桌面拿起来，放在距离自己眼睛大约20厘米的位置，整体看一看。

你有什么发现？

哪些部分分数很高，为什么会这么高？

哪些部分分数相对较低，又是因为什么？

把你的发现记录在轮子的旁边。

第五步，找到撬动点（见图16-4）。

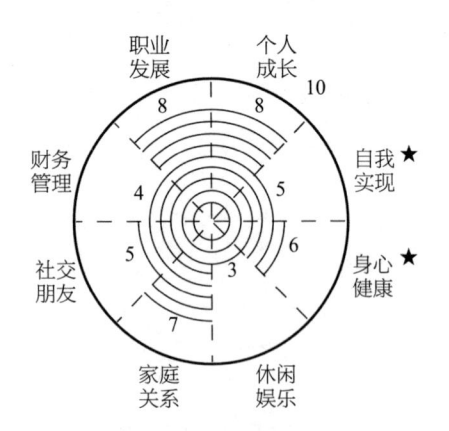

图 16-4 找到撬动点

第四篇 大大的梦想，小小的行动，一步一步朝前走

现在到了撬动整个生命的关键时刻了。

看看你的生命平衡轮，哪个部分的满意度提升，就会带动其他各个部分的整体改变？哪个部分变得更好，你的生命就会更加丰盛平衡？

用你喜欢的颜色和符号标示出来吧！

第六步，制定目标。

你想将发挥撬动作用的部分的满意度提升到多少分呢？在轮子上标示出来，并且用红色箭头从现状到目标分值的位置做突出标示。然后对其他各个部分的目标都做一个设定。

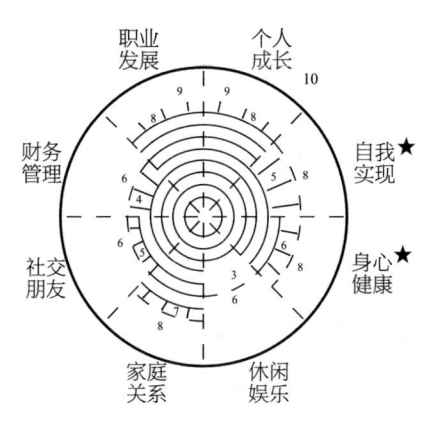

图 16-5 制定目标

第七步，展望愿景。

假如在未来你所设定的时间内，这个撬动点的部分真

的达到了你的预期，它的状态带动了其他所有的部分，你的目标实现了，那时你的生命是怎样的状态呢？

你可以闭上眼睛去畅想一番，允许你的大脑发散它的创意和渴望。当你看得足够清晰，你可以把美好愿景的关键词、画面记录或绘制下来。未来还可以经常拿出来翻阅。

第八步，制订计划。

到了最后一步，为了达成目标，为了让撬动点发挥它的重要作用，你接下来最重要的行动计划有哪些？逐个记录下来。

这就是生命平衡轮的经典用法，用来评估生命的整体状态。

Jacky当时就是在绘制自己的生命平衡轮时对自己过去和当下的生命状态有了系统的评估和全新的觉察。

有趣的发现是，虽然在使用生命平衡轮时，我们会把注意力更多聚焦在撬动点上，但是我们的潜意识是全息接收信息的，对视觉画面非常敏感，很多人在使用后都会惊喜地发现，即使忘记了最初自己画的轮子长什么样、打了多少分，但是很多目标居然都达成了，潜意识在悄悄地发挥作用，凡是你设定的，它都记得。

基于人们不同的实践，生命平衡轮也被用在很多其他的领域，比如"决策轮""计划轮"等。期待看到大家有更多的延伸用法。

马上动手绘制自己的生命平衡轮吧！全息地看待生命，动态地优化行动，你的生命终将平衡又丰盛。

· 转念肯定句 ·

我的种子播撒在哪里，哪里就会开花结果。
我的生命平衡而丰盛！
我越幸福，就越成功。

17 为自己做出明智且心安的选择

转念故事：在人生十字路口左右为难，该如何选择

我的客户小张是一名资深理财顾问。2014年，她30岁，正在一家银行做私人银行经理，收入非常可观。我们在一次培训中相遇，那次的培训主题是"绽放讲台"，是针对培训师成长的课程。

3天的培训课程里，小张全情投入，后背始终挺得溜直。她的头发乌黑浓密，扎一个马尾辫，眼睛像两颗乌溜溜的黑葡萄，又圆又大，给我的印象格外深。她经常看着我点头微笑，仿佛传递着对我所培训内容的深度认同和喜爱，每一次的练习也非常认真地参与和输出，她真的是我见过的格外突出的学员。

培训结束前我讲了一个关于教育的故事——泰迪的故事，讲的过程中我的情感被深深带入，自己几度

感动哽咽，台下五六位学员也是如此。最让我印象深刻的便是小张，她不停地拿着纸巾擦拭眼泪，嘴角微微抽搐，抑制不住的感动让她的身体也在轻轻颤抖着。

我们的缘分就这样开始了。培训结束后，她添加了我的联络方式，对我的培训给予了很高的评价，并且邀请我做她的教练。

就这样，时隔半年的平安夜，我们通过电话开始了第一次对话。

小张和我分享着她的困惑：在很多人眼里，她的工作高薪又体面，是很多人梦寐以求的。但是对她自己而言，却不尽如人意。每天有大量的工作需要她亲自处理，繁忙又琐碎，这样的工作让她无暇照顾父母和孩子。因为业绩突出，也有其他金融机构在邀请她加入，这些机会总体看起来会比在银行工作更自由一些，会有更多时间照顾家人。

她无法权衡，内心纠结矛盾，不知道该如何选择：是放弃高薪的职位，还是选择其他金融机构？其他金融机构她毕竟不熟悉，和银行的机制又有很多不同，对于30岁的她来说是不是太冒险了？又或者继续在银行里工作，至少这样熟悉又安全，收入也还是很不错的，但是对于照顾家人和孩子的需求、自由的需求又无法满足……

我就这么聆听着她的描述，也感觉她真是充满矛盾，每个选择听上去都各有利弊，小张似乎也考虑得很全面透彻，她到底该如何做决定呢？

转念奇迹：选择什么不重要，为什么而选择才最重要

选择似乎是我们每天都会经历的，下面的各种重大选择你是不是也曾经遇到过呢：

我应该选择创业，还是继续留在原来的公司？

我要换工作了，现在收到了两个 offer（入职通知），应该去公司 A 还是公司 B 呢？

我的孩子明年要上小学了，我应该给他选择学校 A 还是学校 B 呢？

我已经 28 岁，谈恋爱 3 年了，我到底要继续恋爱还是结婚呢？

我们常听人说："我们的今天就是由过去无数个选择造就的。""在实现目标的道路上，选择大于努力。"这些听起来很"鸡汤"的话，非常有道理，但往往增加了我们做选择时的压力。

爱因斯坦说过，**问题不可能在其发生的层面得到解决。**

人生不是只有选择题。

也就是说，如果选择的时候只是盯着选项，考虑选 A 还是 B，并不能真正让我们做出有效的选择。就像小张，如果只是

Sheena 神话　绘

选择什么不重要，为什么而选择才最重要

生命中的失去就是重整命运的机会

分析离开银行的利弊、选择其他金融机构的利弊，只会让她更纠结。只有真正看到选择背后是什么在影响自己，自己依靠什么来做选择，理想的选择是怎样的，才能真正帮她做出当时最让自己感觉安心的选择。

我没有继续让小张去分析比较，更没有使用很多人常用来权衡利弊的工具（比如：SWOT 分析），而是让她思考了以下 4 个方面的问题——

第一，如果你可以遵循自己的内心，你最理想的未来生活和工作是什么样的？

第二，在选择下一份工作的时候，你最看重什么？你想要的理想的工作有哪些特点？你希望在工作中发挥哪些优势，创造哪些价值？

第三，如果有一个选择能最大化支持你过上理想的生活，这个选择是怎样的？

第四，什么是你无论如何都不会放弃的？

这些看似与"选择"本身不直接相关的问题，让小张不再左右为难，让她真正以终为始地看待自己的未来，她的视野从狭窄的"虫"的视角扩展到宽阔的"鹰"的视角。

小张从来没有思考过这几个问题，当她开始安静下来思考的时候，我在电话这头听到她感动落泪的抽泣声，听到她说："我最想要的生活状态是能够平衡我的工作和家庭。我非常爱我的父母，我是他们唯一的女儿，我也非常看重我的孩子，我老公工作非常忙，基本上没有时间照顾家里，而我愿意也需要承担起照顾家庭的责任。我看到我和爸爸妈妈、儿子在一起非常和谐幸福的画面，我还看到自己开始做培训的工作，这也是我这么喜欢您的课程的原因……"

小张和我分享着她看到的关于未来的美好画面，那画面在她的描述中那么清晰、生动，当她看到内心理想未来的图画后，她发现"自由、成长、爱与陪伴"对她来说是非常重要的，当她回到眼下的选择，她最终非常坚定地选择了离开。

如今已经过去 8 年了，这 8 年我见证着她越来越能够按照自己的心意过生活、做事业，轻松不费力。她每周只去公司 3 次左右，团队业绩却总是在机构排名前列，大客户也一路信任她、跟随她，和她成为很好的朋友。在孩子上小学后，她也能投入更多的时间陪伴孩子。用她经常和我说的话来讲就是："和你的第一次对话，真的让我想明白了我想要的生活是什么样的，这些年我就笃定地往前走，想要的居然都实现了。"

选择什么不重要，为什么而选择才最重要。

转念时刻：助你做出明智又安心选择的思维框架

到底一个好的选择具备哪些特点，怎么评估我们所做的选择是好还是坏呢？

一个好的选择一定是基于一个人的整体性所做的，也就是整合了一个人的脑、心、腹的能量。我把它称为一个让人感到"明智"又"安心"的选择。这样的选择具备3个特点，你去评估选择的时候，可以考虑这3个维度——

评估维度一：经过大脑的系统思考和理性分析，是相对正确的。

好的选择是你尽量考虑得非常周全，经过了充分的了解、思考和分析的。

评估维度二：做出这个选择能够让内心感到安定、有力、有期待。

如果你做了一个听起来很正确的选择，但是你每一天内心不安，其实就在提示你或许这对你来说并不是一个好的选择。相反，如果选择后你感到放松、平静、充满能量，这大概率是一个好的选择。

当然，这里提到的"安定"与待在舒适区求安稳的感觉是非常不同的。

评估维度三：可以马上为你的选择做出行动。

好的选择是你可以为之做出改变和努力的，而不是只停留在大脑中，是你可以马上采取行动、做点什么的。

所以在做出选择前，你有3个"需要"——

第一，需要知道：更多的信息（外部的重要资讯）。

这属于外在世界给予我们的重要参考。越重要的选择，越需要有更充足的信息输入。

第二，需要发现：在当下的生命阶段，什么对自己最重要？

这个时代，每个人能够从外界获取的信息都是海量的。

可是有时恰恰因为我们听到、看到了太多外在的信息，无法分辨和处理，最终导致很难做出选择。

第三，需要系统：如果将目光放长远，从整个生命来说如何做选择？

在面临选择时，我们往往会做比较，纠结在眼下具体的细节上，目光局限在此刻看得见的部分。然而很多的选择不仅要看眼下，还需要从自己过去的经历，以及整个生命长河的发展维度来衡量。

此外，一旦做出选择，我们就需要为选择负责。新的选择需要不断提升自己，还可能存在很多未知风险，我们是否拥有勇气和力量去面对未知？这些都会影响我们做出选择。

做选择的过程是升级思维、提升意识的过程，我们需要跳出细节、扩展思维、洞见本质。

做选择看起来是一个行为，是一个动作，却受到很多因素的影响。

接下来为大家分享一个思维框架——逻辑层次，在做选择时这个框架能够很好地支持我们洞见选择背后的智慧。

逻辑层次最早由英国人类学家格雷戈里·贝特森为行为科学的心理机制提出，以英国20世纪最伟大的哲学家、《西方哲学史》的作者伯特兰·罗素的逻辑和数学理论为基础。后由NLP（神经语言程式学）界的大咖罗伯特·迪尔茨再次提炼和发展，并在1990年开始推广应用。

逻辑层次共6层（见图17-1），代表着我们在每个时空都会将注意力聚焦在不同层次，而这影响着我们看待事物、处理问题的方式，决定了我们如何做选择，也影响着我们想要达成的结果。

```
                    愿景
                               we
 ·动力层          身份         who
                  价值         why
 ——————————————————————————
                  能力         how
 ·执行层          行为         what
                  环境         when/where
```

（罗伯特·迪尔茨）

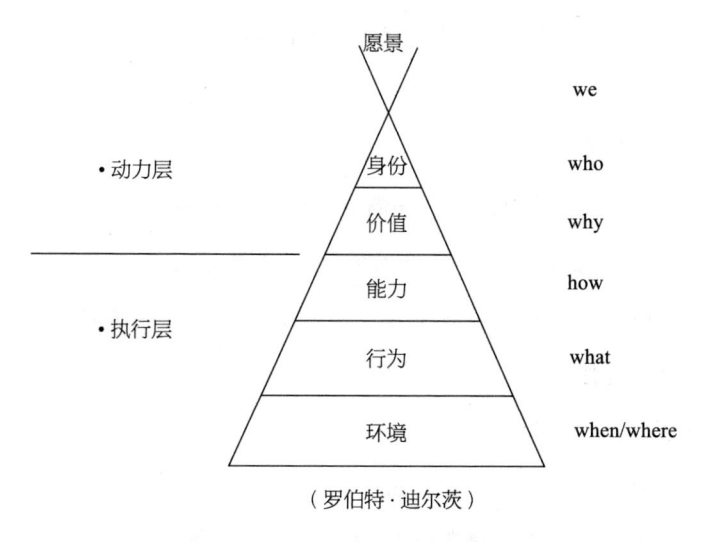

图17-1　逻辑层次模型图

如果我们可以将 6 个层次整合在一起,就能够更有效地支持我们系统思考、身心合一,从而更好地达成目标。

第一层:环境/资源层。

这一层意味着我们常常会关注自己所处的环境怎么样,外面有什么资源可以提供支持,有多少人力、时间、预算,竞争对手怎么样,我们会在哪里做事,等等。注意力更多放在了外在,也常常会出现焦虑、抱怨和不满等情绪。

第二层:行为层。

这一层代表我们每天"具体在做什么,我们采取了哪些行动、步骤"。

当下,每个人都非常忙碌,都在忙着做事,忙着行动,常常加班。

第三层:能力层。

这一层指"怎样才能把事情做得更好,我们需要具备怎样的能力,需要提升什么,我们怎么衡量自己的能力可以达到要求"。

日常我们的注意力大多聚焦在这 3 个层次上。每天我们找时间、找资源,列很多待办清单,做很多事,忙着加班,忙着学习、提升自己。

这 3 个层次的共性是什么?

它们都是偏"事情"的层次,也就是"身体"在做什么的层次,相对来说非常具体、关注细节。在做选择的时候我们最常将注意力放在这 3 个层次上。

可以想象一下,当我们把目光聚焦在事情具体细节上的时候,是什么感觉?

就是"陷进去"的感觉。

打个比方:此时我们的视角就是"虫"的视角——局限、狭窄,只能看到眼前。

面临选择,面临 2 个各有利弊的选项,如果只是盯着这 3 个层次看,我们很难做出最终的决定,很容易短视、顾此失彼,内在也很难获得笃定的感觉。

我们更需要的是看到——

是什么驱动我做出选择?

做选择的过程里,我最看重的是什么?

我想要的未来到底是怎样的?

这些问题就是逻辑层次中的上三层所关注的——

第四层:价值(观)层。

这一层意味着"我到底看重什么,什么对我最重要,这个选择到底意味着什么,我想从中获得什么"。这一层对我们来说太重要了!是我们看重的意义和价值,是我们认为重要的东西,是我们的内在动力。

第五层:身份层。

这一层代表的是"who are you,你想要成为谁,你想要通过做一件事成为怎样的自己"。

身份层常涵盖了一个人秉承的价值观，具有很强的包容性。

比如：虽然小王只是一个项目经理，但是在团队里他希望自己成为一个有影响力的领导者。财务部的小张喜欢创新，他希望自己在财务工作中成为一个开拓创新者。

人们清楚了自己的身份，想明白了自己要成为谁，面临选择的时候就会更加坚定和清晰。

第六层：愿景／精神层。

这个最高的层次代表着"我想要创造怎样的未来，我最理想的未来是什么样子的，我希望传承怎样的精神，想要贡献给其他哪些人哪些价值"。

愿景层对一个人的激发是最大的。这一层在金字塔顶端并且开口向上无限延伸，它影响着下面的5个层次。一个人到达这一层，意味着**他想明白了"我的未来到底什么样，我知道我要成为怎样的人，我信奉怎样的价值观，我如何去发展自己的能力，如何采取行动，如何寻找资源"**，这也就是人们常说的上下打通、身心合一的状态。

一个选择，没有选择。

两个选择，左右为难。

三个选择，才是选择的开始。

第四篇　大大的梦想，小小的行动，一步一步朝前走

下一次，当你面临人生的重大选择，不妨通过这个思维框架，去问问自己的内心，看清你真正想要的是什么，从而为自己做出一个明智又安心的选择。

· 转念肯定句 ·

每个当下我都做了最好的选择。
当我做选择时，我遵循我的内在指引。
我们只有一个过去，却可以有无限个未来。

18 别害怕停下来，去重建你的生命

转念故事：勤勤恳恳 20 年，我居然被辞退了

我的闺密小菲的丈夫阿朋，是所在行业的顶尖销售，在公司就职近 20 年，顺利在北京落户、买房、买车，收入丰厚，一家人幸福地生活在一起。

让他万万没有想到的是，44 岁刚过，公司新来一任领导，合作不到一个月，莫名其妙把他辞退了！

阿朋毕业没多久就来了这家公司，从什么都不会的实习生到年年业绩优秀的顶尖销售，20 年的时间，付出的心血、投入的热情，可想而知。

突如其来的失业令阿朋备受打击。真心付出 20 年的工作，居然一夜之间就这么消失不见了……

阿朋性格直爽，好面子，不善于表达情感，遇到这么大的事，宁可自己憋着，也不和老婆沟通。

失业后一年半的时间里，阿朋很少与人交流，他做的最多的事情便是躲在家里的小卧室，打着自己喜

第四篇　大大的梦想，小小的行动，一步一步朝前走

爱的网络游戏，看上去跟个没事人似的。

小菲知道他受了很大打击，经常关心地问："老公，你怎么样啊？接下来有什么打算呢？"阿朋只是敷衍道："没事，我歇歇。"连头都不抬。

看到丈夫终日无所事事，小菲便鼓励他重新找工作，阿朋却好似一头昏昏欲睡的老牛，拉不动也推不走。就在那年冬天，屋漏偏逢连夜雨，阿朋去滑雪，摔断了腿。小菲本想关心他，可是看着阿朋持续低迷颓废，又不愿意和自己沟通，实在难生怜悯之心。阿朋喜欢做饭，打着石膏一瘸一拐地进出厨房，小菲都没有一丝同情，两个人的关系在婚后18年第一次变得如此紧张。

小菲每次和我说起阿朋的事，总是无奈又绝望。

那段时间，对阿朋和小菲都是一次考验。

处于人生低谷的阿朋，失意颓丧。如果重找工作，他不知道要选择什么，是做销售，还是干点自己有兴趣的事，比如潜水、做饭、和孩子玩，但是这些又不能当饭吃。

就这么踟蹰不前了一年半，阿朋突然开始对外出学习产生了兴趣。他参加了探索个人天赋热情的工作坊，参加了发掘第二人生的课程，还学习了教练课程。在一次次学习中，阿朋开始正视自己的痛苦和经历，也渐渐学会了敞开心扉跟虽然陌生却真诚的同学们交流自己的困惑和迷茫。

就这样，一件一件的好事开始如久别重逢的好友般向他敞开怀抱。他遇到了可以在未来持续深耕的职业机会，找到了志同道合的新朋友结伴前行，还成功入职一家收入不错并且工作时间灵活自由的公司。虽然快 46 岁了，阿朋却感觉全新的生命在向自己展开，他每一天内心都充满希望，动力十足。

有一天晚饭后在公园散步，阿朋突然对走在左边的小菲说："老婆，这接近两年的时间，其实挺珍贵的。停下来，是为了更好地前进。"

转念奇迹：生命中的失去就是重整命运的机会

对阿朋来说，能面对失业，就是允许自己去经历失去的伤痛。

很多时候面对失去，我们内在的第一反应可能是：这是一件不好的事情，不想让别人知道，不想让亲近的人知道。自己的内在是不接受的，我们会否认，会挣扎，甚至会想早一点逃离，不想经历那份伤痛。**但是若不亲身经历，若不完全经历伤痛，我们永远无法从伤痛当中真正走出来。**

面对失去，首先我们需要真实面对自己的心，面对内在的痛苦，面对委屈、愤怒、挫败、绝望……在这些情绪中充分感受自己，接纳自己。面对眼前的失去，要先拥抱这些负面的情绪。当我们允许这份情绪流动，我们的身体、心灵，就在其中完完全全经历了这件事情，体验过后，我们才真的准备好了向未来走去。

美国作家伊丽莎白·库伯勒·罗斯将**伤痛分为 5 个阶段：否认，愤怒，挣扎，抑郁，接受。如果继续向前，第 6 个阶段便是在接受之后，发现其中的真谛，开始了悟。**

不知道在过往所有失去的经历中，你走到了哪个阶段？我们一生中大大小小的失去有很多，有的已经过去很多年，可是我们至今仍然在排斥与否认，还在抗拒；事情已过，我们的心仍然被伤痛控制着，无法获得释然和自由。

如果不是被辞退，阿朋或许永远没有时间停下来放松、思考，也没有机会真正去敞开自己与陌生人交流，获得不同视角的反馈和启发；如果不是被辞退，阿朋或许依然在全国各地奔波出差，没有足够多的时间陪伴家人，更没有机会探索自己真正热爱的是什么，未来的生命还有哪些可能。

停下来，是为了给我们机会审视过去；

停下来，是为了给我们空间了解内心；

停下来，是为了去发现未来还有哪些可能性；

停下来，是为了有机会重建生命。

转念时刻：透过时间线重建生命

我们被迫停下来，或许恰恰是上天的美意。借助穿越"时间线"这个有力的工具，我们不仅可以回顾过去生命中的重要经历，发现自己的生命轨迹，更能看见生命未来的机会和可能。

接下来的 10 个步骤，请跟随我一步步进行——

第一步：找到 3 张 A4 白纸，将其横向上下对折，并用笔描画出对折线，这条长长的横折线就是我们的生命时间线。

第二步：将 3 张 A4 白纸依次摆放。

第三步：依据自己的实际情况，按照年龄从出生到当下，在时间线上做标记。

第四步：轻轻地闭上眼睛，做 3 次深呼吸，让自己尽可能地放松下来，在心里默默对自己说："接下来的探索过程中，我会看见我生命的轨迹，我会看到所有对我有意义的信息，并指引我去创建未来的生命。"

第五步：请跟随自己的记忆，回想在你生命中都经历过哪些重要时刻。下面的问题供你回忆时参考：

你如何来到你的家？

你的幼儿园、小学时期是怎么度过的？

你的童年有哪些难忘的经历？

随着你长大，你看到了哪些事情，遇到了哪些人，让你难忘？

你上了中学，又经历了些什么？

你的大学是怎样度过的？

你什么时候结的婚？

你的婚姻令你最难忘的是什么？

你的职业发展中哪几个阶段最重要？

第六步：依据你的回忆将重要的人、事、物记录在时间线上（见图18-1）。注意一下，如果这件事的发生对你来说是开心的、正面的，是你生命中的闪光时刻，请把它记录在时间线上方对应年龄的位置，越靠上就代表越开心；如果这件事对你来说是负面的、挫败的、伤心的，是你生命中的灰暗时刻，就把它记录在时间线下方对应年龄的位置，越向下就代表着越负面。你需要花一些时间来记录和标记。

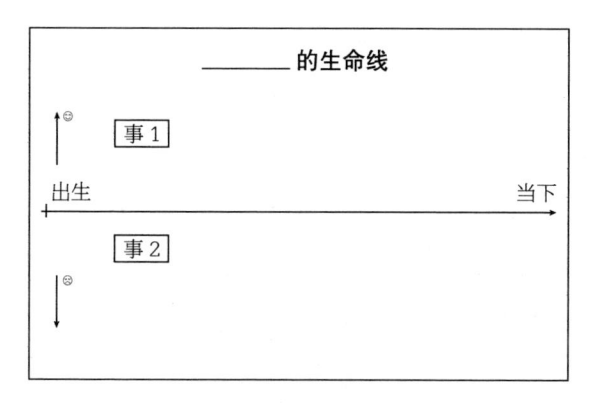

图 18-1　记录生命时间线

第七步：请你看看过往的生命时间线，有哪些发现？

把它们写在你喜欢的相应位置。下面的问题供你整理总结时参考：

> 那些让你开心的经历给你怎样的力量，它们给你的提示是什么？
>
> 你的天赋优势有哪些？
>
> 那些让你难过的经历给你的启发是什么？那些经历的意义是什么？你从中学到了什么？
>
> 你发挥了哪些特殊的才能度过了那些艰难的时刻？
>
> 在你过往的生命中，有什么主旋律是始终贯穿其中的？
>
> 你最想用哪些关键词来形容你过去的生命？
>
> 总览过去的生命，你觉得你此生最想做的是什么？什么是你生命的主题？

第八步：用一张全新的A4纸放在刚才白纸的右边，它代表你未来的生命。

第九步：想想看，如果能最大化地整合你的过去、内心热爱之事，接下来的生命你想要如何度过？在代表未来生命的白纸上写下你对创建未来想到的一切可能。

第十步：你的未来是什么样的？请用几个关键词来形容你最想要的未来（见图18-2）。

至此，你完成了一个非常重要的练习，你完成了对自己生命的回顾，也尝试创建了未来生命的可能性。

```
_____ 未来的生命

   √ 记录关键词
   √ 涂鸦或绘画
```

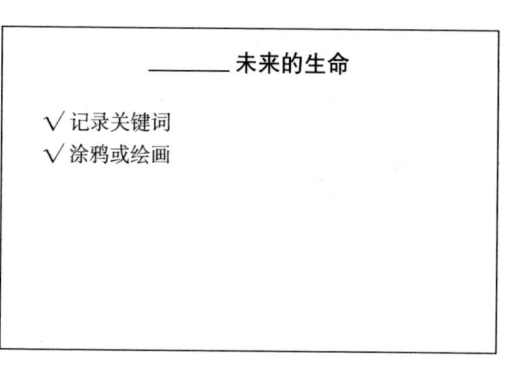

图 18-2　未来的自己

我带领很多学员进行过这个练习，自己也大致会每年练习一次，每一次都会有不同的发现，也会看见有很多不变的内容。

很多人说，通过练习，他们更加了解自己，对过去的失去释然，放下了早该放手的经历；更重要的是，他们看到了自己生命的主旋律，发现了自己的潜能和独特的技能，这些都为他们迈向全新的未来提供了无比珍贵的反馈和资源。

温馨提示：

这个练习请在独立、安静不受打扰的时间和空间进行。

整个过程大约需要 30 分钟（如果想要更充分的体验和探索，可以根据情况延长时间）。

转念的奇迹

· 转念肯定句 ·

我接受生命为我准备的所有功课。

若不是有更好的要来,没有什么会离开。

我感激我所经历的一切,我时刻准备着迎接全新的可能。

19 遵循内在指引，做出生命决定

转念故事：到底要不要生二胎

小薇前些年去法国留学，回国后在一座三线小城当大学老师，还和先生共同经营一家非常浪漫的意大利餐厅。我初次认识她是在北京一次培训师的课堂上。

那天小薇是学员中第一个到教室的。她穿着一身得体的浅灰色连衣裙，优雅从容，开课前她亲切地和我打招呼，让我对她印象深刻。之后的课堂上，小薇全情投入，时而陷入沉思，时而频频点头，有时抚掌大笑，培训结束分享收获时她居然泣不成声。

小薇在我眼里就是这样一个敢笑敢哭、真实有力的女人，是我第一次用"飒"来形容的一个女人。

从此，我和小薇便成了挚友，我也成为她的长期教练。在每一次沟通中我可以更全面地了解一个人的生命，他们是鲜活的、有趣的、立体的、丰富的。

在我的印象里，小薇一向做事果断，但有一次，在她约我的时候，我就能感受到她的矛盾纠结，还有想要迫切解决问题的心。

原来她在纠结到底要不要生二胎。我好奇地陪着她探索属于她的答案。

我问她："关于二胎，今天你想收获什么呢？"

"我想静静地看看自己的内心，我想看看自己对于这件事真实的需求和渴望到底是什么。我妈妈总是提醒我该要老二了，我也看到很多人这些年也都要了老二，家里多个孩子感觉是不错，其乐融融，孩子也有伴儿。但是很奇怪，我总感觉这些都不是我的真正需求，我就是没想明白我到底要不要生二胎。"

这些话自然地从她嘴里流动出来，丝毫不必动用脑力，但是她的语气却带着一些好奇、困惑与纠结。我也听出来，似乎有很多人对她产生着影响。

经过慢慢地梳理，她坚定地希望通过对话真正弄清内心的需求，从而可以安定内心，朝着理想的方向去布置生活。

我好奇地问她："那么你内心真正的渴望和需求是什么呢？"

小薇沉默了很久，电话那头安静得让我怀疑她是不是还在，我的呼吸似乎都需要放得更轻更慢。

"我最想要的是：和先生一起，把钱、精力、时间花在一家三口的共同成长上面；我们的生活是轻松、全情的，我们可以带女儿看山、看海、看世界。我可以给女儿最大的礼物，就是让她感受到生命的饱满、正向、健康，充满能量，借助这个过程为她的内心种下一颗相信的种子，那就是——有能力获得幸福，有能力找到对自己有滋养的人。这是我认为的妈妈的使命。"

我在电话这头记录着她的表达，内心升起对小薇美好语言的喜爱，那感觉就好似有人在对我吟诗。

我把小薇表达的关键词如回声板一样弹回给她，她惊讶自己说了这么多。"我突然感觉很有力量，心里有了底，同时也对自己有一些小小的失望，我去法国留学，最后回到现在的小城市。折腾一圈的意义到底是什么呢？"

"对啊，折腾一圈的意义到底是什么呢？"我直接用这个问题反问她。她又一次沉默了。

"我在寻找自己的力量，意义是缓冲，是提醒我要勇敢做自己。"

"勇敢做自己的小薇，现在对于二胎有什么新发现呢？"我用更加坚定的语气问她。

"我的内在需要做断舍离，二宝是我内心的欲望，是我被别人影响后产生的欲望，特别是我的妈妈。"

当小薇厘清了内心的想法，在对话结束前，她罗列了接下来的行动计划，其中有一条对她而言非常重要，便是给妈妈发信息，真实地表达这件事的缘由、自己的诉求，以及对妈妈的抱歉和感谢。

那一天的对话结束后，小薇擦干眼泪，放了一首轻柔的钢琴曲，午饭后她出门去买菜，准备晚上给公婆做大餐，然后开心轻松、全身心地陪伴女儿去上课。

小薇放下了纠结、迷茫，继续轻装上路，做那个又美又飒的意大利餐厅老板娘，更加笃定平静地站在讲台上，教书育人。

自那以后，二胎的事情，就像一朵云从天空飘过，再也没听小薇提起过。

转念奇迹：每个人的内在都有足够资源解决自己的问题

你会特别容易受他人影响吗？

你很容易听从权威人士的建议吗？

人生中的每一次重大决定，你是自己做主，还是听从父母或他人安排？

遇到问题，你是倾向于自我探索还是向外寻求指导？

每个人在一生的成长中，需要携手 3 类重要的人群。

第一类：伙伴

伙伴可能与你有着相似的经历、相同的兴趣，价值观相投，特别懂你，你们会经常在一起学习、分享和探索，并彼此支持和成长。

伙伴是在你需要的时候陪伴在你身边的人，是你可以吐槽发牢骚却不会讨厌你的人，是可以看你笑陪你哭的人。

第二类：导师

导师是指引你、启发你、给你提供知识和智慧的人，是当你遇到问题时，为你提供建议、解决方案的人，是会指出你的问题、帮你分析好坏利弊的人；导师也可能是你的榜样，是你希望成为的人。导师是在某个领域日积月累、阅历丰富的专家或权威。生命中我们都需要和自己同频的导师，向他们学习。在导师面前，你总会感觉自己渺小，感觉导师权威、专业和睿智，很多时候你都希望能成为导师这样的人。

第三类：教练

教练是你持续成长的陪伴者。

他愿意聆听你，从不对你有好坏评判，他对你保持好奇与开放。

当你遇到问题时,他愿做一面镜子,照出你的样子,帮你发现自己的盲区,更加客观、全面地看到自己。

有时,教练会提问,通过这些提问,你开始思考自己的人生,你的创造力被激发,对事情的看法和角度不断得到拓展,你感受到了自己更大的潜能。

教练甚至比你还要相信你。

教练相信你是自己问题的专家,你可以找到最好的答案。教练相信每个当下,你都会为自己做出最好的选择。

问题的解决最终只能依靠你自己。

在工作和生活中,你遇到的问题越复杂,就越需要内在的智慧和力量。

过往此时,或许你会去查资料,看看外面的世界有哪些重要的资讯可以为自己所用,但是信息之多,令你眼花缭乱;或许你会找朋友聊聊,你们彼此感同身受,除了发泄情绪、互吐衷肠,你的问题还在那里;你也可能会找导师专家咨询,听听他们有什么建议。

然而,无论你找谁,外界的声音永远只是参考。最终做决定的都是你自己,你需要为自己的人生做主,即使有时你的决定被验证是错误的,你走过的路、吃过的苦、跨过的坑,都会成为你的人生弥足珍贵的一部分。

一切答案都在你的心里。

和父母的关系不好，你的内心其实明白什么才是最好的解决之道，而不是抱怨父母不够爱你；

工作不得领导赏识，是提升自己、放下比较心，还是离职放弃，你的内心明白如何选择；

被人贴上负面标签，是默默认同，还是客观看待、平静接纳，你的内心知晓你绝不是别人嘴里的样子；

孩子学习习惯不好，你若学会调整自己，成为孩子的榜样，孩子的改变自然会发生。

一切问题的解决之道，都在于你。

不抱怨，不评判比较，回到自身，与心对话，你可以找到你需要的答案。

转念时刻：唤醒你的内在导师

接下来的练习，是为了支持你唤醒内在的导师。这个导师不在外面，而在你的心里。

你可以想一件你很想寻求答案的事情，或者找到一个你很头疼想要解决的问题。

第一步：让自己安静放松地坐下来，不受外界的打扰。缓慢地调整你的呼吸，让自己越来越平静。

第二步：轻轻地闭上眼睛，想起你想要寻求答案的事情。

第三步：请你在内视觉观想一个充满智慧、慈悲的你，那个你是你无比希望活成的样子,他似乎无所不知、无所不晓。看看那个你是什么样子的,他的状态如何,穿什么衣服,面部表情如何。

第四步:你看着这个更具智慧的自己,你最想问他什么问题,在内心问问他,然后静静地聆听接收到的答案。

第五步:问问更具智慧的自己,在这件事上,他特别想给你的建议有哪些。

第六步:在你的内在深深地表达感谢。

温馨提示: 以上步骤中第四步、第五步可以反复循环进行,你会持续接收到对自己有益的答案,直到你觉得做得很充分了即可停止。

· 转念肯定句 ·

我的内在具足,我的内在拥有足够的智慧。
当我遇到问题时,我向内探索寻找答案。
我是自己生命的主人。

20 小步行动 引发持久改变

转念故事：那些拖延不动的人

故事 1

王林是一个亲子教育平台最受欢迎的老师，她平时非常喜欢策划各种活动，凡是她策划的活动，会员们都会积极报名，名额总是瞬间被抢光。

最近平台创始人安排王林策划一场读书会，这本是王林平时最爱干的事，结果没想到距离读书会举办的日期只差 4 天了，王林却什么都没做，会议上每次轮到她分享，她都含糊着嘀咕过去。

好朋友程芳看到这个情况，也很纳闷，就约王林在公司附近的咖啡厅聊聊。她们坐在咖啡厅进门对面安静的角落里，程芳看着王林，问："亲爱的，你最近怎么了？你一直喊着要搞读书会，怎么最近一动不动啊？"

"我也不知道,就是感觉不想做,没什么动力。做读书会,到底为了啥呢?"

故事 2

冯灵特别热爱艺术,过去的 10 年时间里,为了追寻自己热爱的事情,她投入了大量的时间学习声乐、戏剧、绘画,徜徉其中,自在又幸福。

她的闺密小叶和小爱正在策划一场线下活动,想用富有创意的形式开展,她们不约而同想到了冯灵。见面之前,小叶和小爱就激动地畅想着冯灵听到后会多么开心,一定会热情地加入。出乎意料的是,冯灵面对她们的点子,表情无比冷静。

见此情景,尴尬的小叶连忙问:"亲爱的灵儿,你啥想法?怎么面无表情啊?"

冯灵低下头,抿了抿下嘴唇,十指相扣,挤出来一句:"我不想参与,我还没准备好。"

"啊?怎么会,你在这方面积累得那么多,使出 1% 的能力就足够了。"小叶、小爱着急地说。

"不,不,我差得太多了,如果没有十足的把握成功,我是绝对不会去做的。"

小叶和小爱意外地对视了一眼,这件事就此搁浅了。

故事3

兰兰是领导的得力下属,凡是她经手的项目,从系统规划到细节把控,绝对没问题,工作交给她,大家都放心。

以前兰兰还没带团队,领到任务,自己一个人做得又快又好,根据自己设置的项目规划表、细节把控表,清晰实际又高效。兰兰刚入职,就被领导安排制作公司20周年庆的年会宣传视频。虽然是新员工,但是兰兰凭着一股子热情,还有高标准、细节控的工作态度,她在年会上大放光彩,一下子让全公司的人都认识了她。年会结束,领导庞总监对她赞赏有加,询问她是怎么做的,兰兰自信地打开电脑,为总监展示自己的工作计划,除了项目表的严谨和全局观外,视频的策划案真是让庞总监眼前一亮。每一帧的准确时间、配图、文字、字体、配乐都有设计,那一刻,庞总监觉得她真的像个电影导演。

因为兰兰个人表现突出,部门壮大,领导提拔兰兰为部门经理,她有了两个下属,小杰和小静。做了管理者,和自己单兵作战不一样。兰兰不再需要亲自做事,而是需要学习培养下属们做事,并且做好。

每次团队接到新的任务,兰兰就会把小杰、小静叫到身边,然后给她们两人展示自己过去的表格,小杰、小静看完了,直竖大拇指。等到分头行动的时候,她们两个却推进很慢。一次兰兰路过办公区的茶歇间,正好赶上小杰、小静在喝水聊天:"啊呀,这活儿咱们可不敢做啊,领导标准那么高,做不好是要挨训的。"兰兰听罢转头溜走了,假装什么都没发生。

一天庞总监和小杰、小静一起吃午饭,问起她们的工作进展,小杰、小静嘀嘀咕咕难为情,你看看我,我看看你,终于决定把心里的苦说出来:"庞总监,我们最近的工作没怎么推进,兰兰的要求太高了,我们压力很大。最开始,我们行动挺快的,但是兰兰不满意,经常来纠偏,我们实在达不到她的标准,又不知道怎么和她沟通,所以就没再推进了。"

转念奇迹:每个拖延行为背后都藏着恐惧

大多数人都存在拖延。

有的人一直想戒烟,却屡戒屡败;有的人明知道锻炼重要,却久久动不起来;也有人很早就策划好与女友的一次约会,但是始终说不出口邀请。

你有什么事在拖延呢?你又是为什么而拖延呢?

拖延,指在开始或完成一项外显或内隐的活动时实施有目的的推迟。加拿大心理学博士蒂莫西·A. 皮切尔在他的书《战胜拖延症》中说:**拖延是对生活本身无所适从的问题。**

拖延背后隐藏着四大恐惧:

害怕不够完美

我们常说,完美主义的人是标准太高。但是本质上,完美主义没有标准。

在完美主义者的心里,他们总是试图达到更高的预期。这个预期没有尽头。因此,完美主义者其实没有标准。这让他们迟迟无法开始行动,因为在他们的心里,最好的标准还没有达到,或者说还在持续被创造和建构着。

完美其实是个幻象,完美并不存在。

害怕失败

一旦行动,就一定会有失败的可能,那么,假如我不做,就不会失败。

第二类行动拖延的人属于这一类。

失败对这一类人来说是可怕的,之所以可怕是因为他们把"失败"与自己这个人挂了钩:如果一件事我做砸了,就代表我这个人不够好;如果一件事没达到他人的预期,意味着我是一个不值得信任的人;假如一件事我没做好,我以后就都会失败……

这类人很容易将做事的失败与自己的身份等同。比如一个孩子打碎了碗,原本只是一次小小的意外,但是如果爸爸发脾气训斥孩子"你是一个粗心大意的孩子",就像给孩子定了罪,一个"粗心大意"的标签便被牢牢贴在了孩子的身上,更住进了孩子的心里。

害怕没有意义

第三类人不行动是因为找不到做事的意义和价值。人们只会投入时间和精力在自己认为重要、有价值的事情上。

为什么要做这件事?这件事重要吗?对我来说有什么意义?我为什么要花时间投入其中?

很多人遇到一件要做的事脑子里就会盘旋出这些问题,从而停滞不前。

然而并不是所有的事一开始去做时就会有意义,而是你投入了,才会找到意义。

很多时候我们在职场中被安排的工作在最初都并不让自己喜欢,可是多年后再回头去看,所有经历的事、遇见的人,其实都在为今天更好的自己做出贡献。没有白走的路,每一步都算数。

一切都是最好的安排!

害怕完成

很多人听到这一点会特别不解,怎么会有这样的人呢?完成不是一件令人开心的事吗?

然而现实生活中,的确会有人因为不想让一件事结束,不想面对完成后重新开始又有可能达不到过去效果的局面而迟迟不敢行动。

一位妈妈非常希望和女儿来一场二人世界的亲子旅行,但是每次想到结束时会不舍,担心以后再没有机会去旅行,便一次次推迟旅行计划。

害怕不够完美、害怕失败、害怕没有意义、害怕完成,不知道这四大恐惧有没有击中你?你在行动时最大的恐惧是哪个呢?我们常常把这四大恐惧称作四个小妖,它们藏在我们的头脑里,抑或躲在我们的心里,我们不去看,不去戳穿,它们就会一直作祟。一旦被看见、被发现,也就有了机会去破除和消灭。

毕竟,行动才会创造我们想要的人生,不是吗?

转念时刻:福格行为模型——让梦想落地的行动三要素

布莱恩·杰弗里·福格是"行为设计学"鼻祖,被尊称为"硅谷亿万富翁制造机",他曾是斯坦福大学行为设计实验室创始人,深入研究人类行为超过20年,提出了著名的福格行为模型。

福格行为模型,是指人的行为由动机、能力和提示这三要素组成,这三要素同时得到满足时行为才会发生。用一个等式来表示就是 B=MAP。

其中 B 是行为（Behavior），M 是动机（Motivation），A 是能力（Ability），P 是提示（Prompt）。

这个公式的本质是说行为发生于动机、能力和提示同时存在的时候。它是一个行为发生改变的地图。

行为：就是举止行动，是接受思想支配而表现出来的外表活动。

动机：引发人从事某种行为的力量和念头。动机是由需要产生的，当需要达到一定的强度，并且存在着满足需要的对象时，需要才能够转化为动机。

能力：能力是完成一项目标或者任务所体现出来的综合素质。

提示：在某个时刻促使人们采取行动的信号。

我们逐一拆解三大要素，来看看行动到底是如何发生的，如何让自己更快地行动起来。

要素一：动机

美国的爱德华·伯克利和梅利莎·伯克利在其著作《动机心理学》中提到：**动机是行为的起点，没有动机就没有行为。动机又分为内在动机和外在动机。**

内在动机：个体因某一活动本身有趣或令人愉快而做出某

一行为。做某些行为完全是因为喜欢。行为本身就是目的。

内在动机意味着我们自愿进行某项活动，有些研究者使用"自决"一词来指代受内在动机激发的人。人通常有3个核心的动机：自主、能力、归属。如果一件事你拥有足够的自主性，有很强的掌控感，或者你的能力很强，又或者在过程中你感受到被一个群体接纳，那么你的内在动机就会很强。当然假如3个核心动机同时满足，那么动机水平就会非常高。

外在动机：个体出于某种外在原因而做出某一行为。行为被视为实现另一目的的手段。当人们因为做本来喜欢做的事情而获得额外奖励时，动机反而会减少。

比如：健身能让晓琳感觉生命自己说了算，1小时的无氧运动对她来说没有太大的挑战，日渐紧致的身材给她积极的反馈，所以一周3次的私教课程她无论如何都会优先安排。她去健身不需要外界的敦促，这属于内在动机。而妈妈每次都用写1小时作业可以打20分钟游戏来和小明沟通，就属于外在动机。

内在动机相比外在动机，更稳定也更持久。每个人都具备内在动机，我们需要的是去发现、善用和放大它。

那我们该如何提升动机呢？可以从以下4点入手：

第一，明确愿望。

愿望是持久的动机，是我们渴望的未来的样子。愿望可以引发我们的行为，所以我们首先需要找到我们内在的愿望，然后把愿望变成具体可衡量的目标。

比如，我外甥女的愿望就是成为一名芭蕾舞演员。她开始练习芭蕾舞的时候已经 7 岁了，比别的孩子起步晚，但是她充满了极大的热情，坚持得非常好。每周 4 次课，就算父母偶尔想请假，她都会坚持去上课。哪怕和我聊天，她都会站立并用手扶着餐桌练习舞蹈动作，根本不需要别人敦促。

第二，找到改变的情感力量。

这指的是人们对想做的事天生就带有积极情绪。我们喜欢做的事，自然会让我们感到快乐、轻松、愉悦、兴奋。

第三，找到黄金行为。

黄金行为就是最能支持人们实现目标的行为。比如在我写书的过程里，我的内在状态、头脑的清明非常重要，所以我每天清晨会进行冥想静坐，并且在固定时间段进行写作。

第四，获取积极反馈。

归属感是人类的核心动机，在群体中得到他人的关注就是一种强大的动机。当老公做完了一顿饭，得到了老婆的称赞和感谢，老公大概率会更积极地做饭，做更好吃的饭。

要素二：能力

能力分为 5 个方面：时间、资金、体力、脑力、日程。

第一，时间。

你的行动需要花多少时间？包括行动的频率和每次持续的时间。时间单位越小，行动相对就越容易完成。比如，很多人想养成锻炼身体的好习惯，小 A 一开始给自己设定的目标是每天锻炼 1 小时，而小 B 则没有过高的要求，他认为从每天 10 分钟快走开始就很好。一般来说，完成 10 分钟锻炼要比完成 1 小时锻炼容易很多，能力会更容易胜任。

第二，资金。

这是指这个行动需要花多少钱。资金需求越大，行动难度越高。

第三，体力。

体力消耗不在大小，关键在于做事的过程是否"费劲"或"较劲"。有时体力消耗大，但是觉得很顺畅，也不会给行动带来挑战。

第四，脑力。

人类有一个聪明的大脑，却往往不喜欢动脑，因为耗能。就像有时我们都会感觉脑力劳动更辛苦，在办公桌前工作一天后一定要大吃一顿才放松。因此，行为要非常清晰明确，不需要频繁做决策。

第五，日程。

你的行动是否可以很容易地放进日程表里，成为你生活很自然、很简单的一部分？

总结一下，如果要提高做事的能力，可以通过3种方式：提升技能、获取工具和资源、让行为尽可能变得微小。

要素三：提示

提示是生活中的隐形驱动力。没有提示，行为就不会发生。提示就是在对你说"现在就行动"！

常见提示有3种：人物提示、情境提示和行动提示。

第一种，人物提示。

人物提示是依靠内在的提醒去完成行动。比如身体的感觉，饿了就要吃；或者记忆，每周二都是团队例会日。

第二种，情境提示。

设置一个身边的情境要素提醒自己。我身边很多喜欢打坐的朋友，点上一炷香，就会马上静坐下来；很多人用自己喜欢的关键词设置了电脑的屏保，比如"专注""放下手机"，一看到关键词就会立马提醒自己。

第三种，行动提示。

很多习惯行为对我们来说完全自动化了，不需要多花费一点脑力,比如刷牙、洗脸、外出锁门。由此,你可以把这些日常行为作为"锚点"来提示自己,把你想要增加的一个新的习惯嵌入原有的行为后面。行动提示是效果最好的。因为旧有行为你做起来不费力,只要在旧有习惯"之后"安排合适的新行为,就很容易建立新习惯。

你可以用这个微习惯配方:在我……(锚点时刻),我会……(新的微行为),为了让大脑记住这个新习惯,我要立刻用……(庆祝)。

比如:每天当我做完晨间冥想(锚点时刻),我会给爸妈发微信(新的微行为),我会对自己说"我是充满爱的女儿"(庆祝)。

现在请你找到自己正在拖延,很希望行动起来的一件事,分析一下——

了解了福格行为模型后,你对自己的拖延有了哪些新的发现?

_____。

三要素中,促进你行动的关键要素是 _____。

接下来,你可以马上做出的行动计划是 _____。

希望通过福格行为模型,你可以找到自己的动机、提升自己的能力、找到有效的提示,让自己动力满满地马上行动起来。

· 转念肯定句 ·

每一天我用行动改变人生。

再小的行动，持续做就会发生巨大的改变。

值得做的都值得做好，值得做好的都值得做得开心。

结语 转念是必须的，也是可能的

见证了这么多人的故事，你或许会问我，到底什么时候需要转念呢？我怎么能意识到我需要转变的是什么信念呢？

这本书可以说我写了5年，今天终于呈现在了大家的面前。

于我而言，从有了出书的想法到图书出版上市，我的内心经历过千山万水。

我到底写什么？

我写的东西有人看吗？

我的文字功底不够啊，写的时候语言如此贫乏。

书上市了卖得不好怎么办？

被闺密挑战，你的书还能出来吗？

被同事说"你太完美主义"。

…………

太多恐惧的小妖在我的内心翻滚捣乱。

于我而言：

这本书的创作过程，便是一场深刻的疗愈。

转念的奇迹

通过书写，我不断看见自己的限制性信念，持续直面内心的恐惧，一次次翻转自己的想法，打破过去的限制。

所有书中我告诉你的，在创作过程中，我都又一次完整地经历并验证过了。

当这本书完成的时候，我深深地知道，我已不再是过去的我。

我所经历的一切，都已成为我的财富。

于你而言：

每一次当你感觉到生命有阻碍、挑战和卡点，好像找不到解决的办法，不知道应该怎么去处理；

每一次当你有全新的目标想要达成，拥有了全新的机会，你发现只是重复过去的经验，似乎很难获得新的突破；

每一次当你和他人互动沟通，你感觉到彼此观点的差异、很难达成共识；

每一次当你发现你有恐惧和担忧；

每一次当你在关系中受挫；

便是转念的时机。

回想你的人生，你所经历的千山万水，你所穿越的艰难困苦，有哪一次不是因为在你的内在转变了你原有的想法而实现的呢？

人并不"住"在客观的世界，而是**"住"**在自己营造的主

结语　转念是必须的，也是可能的

观世界里。你所看到的世界不同于我所看到的世界，而且恐怕是不可能与任何人共有的世界。"如何看待"这一主观就是全部，并且我们无法摆脱自己的主观。

《被讨厌的勇气："自我启发之父"阿德勒的哲学课》里说：**也许你是在透过墨镜看世界，这样看到的世界理所当然就会变暗。如果真是如此，你需要做的是摘掉墨镜，而不是感叹世界的黑暗。**

那么，此刻我想邀请你，未来的每一天，行走在属于你的世界中，戴上不同的眼镜，透过它，去看你想看到的世界。

好奇的眼镜，为你捕捉生命中每一个鲜活的时刻；

开放的眼镜，为你搜索存在于世间的各种可能；

温暖的眼镜，为你连接每一次人与人之间彼此给予的爱与支持；

有趣的眼镜，为你发现平凡生活里的点滴欢乐；

勇敢的眼镜，带你突破头脑的恐惧，遇见自己的无限潜能。

转念，是必须的，也是可能的。

转念，是我们每个对生命保有觉知、渴望绽放生命的个体一定能做到的。

当我们对自己的信念产生好奇，借由觉察、转化、升级，把全新的想法"安装"完毕，我们也就准备好了朝着更广阔的世界前进！

转念的奇迹

每一次转念，内在世界便更清明；

每一次转念，生命蓝图便更开阔；

每一次转念，我们更加深爱自己；

每一次转念，我们也将更爱这个世界。

人生所有问题的答案不在别处，就在我们的内心。

谢谢你，我爱你。

致谢

在古城西安，完稿的时刻，我的内心无比喜悦和满足，多年的写书心愿终于尘埃落定了！

在创作这本书的日子里，我的脑海像电影放映机一般，过去近20年培训中我遇到的学员、聆听过的故事……它们一个个自动地蹦了出来。

当我沿着记忆，一点点地把它们记下来，我的内心充满感恩，好像一下子明白了自己为什么在这里，为什么要记录，为什么要书写。我深深意识到，自己只是一个管道，珍贵的故事、生命的智慧源源不断地流经我，通往广阔的人群，让所有有缘与我相遇的有趣的生命，都能通过这些故事、这些智慧发生改变。

谢谢所有让我走进你们生命的学员，我尊贵的客户们。

我要深深感谢我的恩师、益友，新精英生涯创始人古典老师，与他相遇的10年时光，他总是在我最需要的时候出现，古典老师的鼓励和信任给了我莫大的信心和力量。我清晰地记得,在咖啡厅,老师通过提问帮我厘清图书的定位,在图书出版的整个过程中,带着我和几位"个人发展共读会"的伙伴从无到有学习如何出版一本书,还不辞辛劳联系出版社和编辑资源,如果没有古典老师,我或许仍然踟蹰不前。也要感谢写书小组的跶哥、雪梅老师,你们的积极引领,让我看到了榜样的力量,并追随你们的脚步,稳步向前。

感恩我生命中遇到的各位尊师,台湾路希雅光爱学院 Lucia 老师、埃里克森国际教练中心的学员玛丽莲·阿特金森博士、遇见幸福实修社群吴依娜老师,在生命的不同阶段遇到你们,得到智慧的启迪,是我今生莫大的幸福和幸运。

感谢我挚爱的家人,我的爸爸妈妈、伯伯、阿姨、姐姐、姐夫,如果没有你们无条件的爱与支持,给我空间、时间让我创作,这本书也只会是一个想法。感谢我可爱善良的女儿,她常常对我说:"妈妈,你的书一定能出版!"她坚定的口吻、乐观的态度,总是给我希望。和女儿相伴的时光,让我更加懂得了作为母亲成长的意义。

感谢我的同修学姐欣和(署名"Sheena 神话")接受我的邀请,为本书绘制插画,传递我希望在书中带给读者的温暖、光明和智慧。有了这些插画的加持,这本书更加美好、喜乐。

感谢我的创业团队"见智达·做到"的所有伙伴、我的联合创始人们,谢谢大家一直以来看好我并对我赋能,和你们一起创业的每一个日子都是那么喜悦和难忘。

感谢所有对我说"兰雯老师,等着你的书上市的一天!"的学员、朋友,今天我终于可以把这本我无比珍视的作品送到你们手上了,有你们真好!